DINAMICA

Carlos Herrera

Plantas de interior: 250 trucos

PLAZA & JANES

El autor quiere expresar
su agradecimiento
al programa de radio *Las tardes de Odette*,
de Radio Salud

Diseño de la portada: Josep Maria Mir
Ilustraciones: © Roberto Fernández Giordano

Primera edición: abril, 1995

Editado por Plaza & Janés Editores, S. A.
Enric Granados, 86-88. 08008 Barcelona

Printed in Spain – Impreso en España

ISBN: 84-01-52005-3
Depósito legal: B. 10.232 - 1995

Fotocomposición: Lorman

Impreso en Cremagràfic
Bernat Metge, 197. Sabadell (Barcelona)

L 5 2 0 0 5 3

ÍNDICE

INTRODUCCIÓN 9
EL DECÁLOGO DE LAS PLANTAS DE INTERIOR 11

¿Qué es una planta de interior? 13
Alimentación 17
Floración 27
Los enemigos de las plantas 33
La poda 41
Reproducción 49
Riego 59
Trasplantes 73
Limpieza 79
Solución a los problemas 85
Consejos y trucos para cuidar las 25 plantas de interior más populares 93
Aglaonema 95
Anthurium 97
Asplenium (a. nidus) 99

Azalea 103
Bilbergia 107
Chamaedorea 109
Cheflera 111
Cisus *(cissus)* 113
Coco *(coccus nucifera)* 117
Crocata *(calathea)* 119
Crotón *(codieum)* 121
Dieffembachia (d. amoena, d. tropic, d. compacta, d. camilla y exótica) 123
Dracaenas: fragans (tronco del Brasil), *mesangeana* (tronco de la felicidad), *marginata, deremensis, etc.* 127
Espatifilium 131
Ficus 133
Helechos 137
Kalanchoe 141
Kentya (howea belmoreana) 143
Maranta (calathea) 147
Phalaenopsis 149
Peperomia 151
Poinsettia (euphorbia pulcherrima) 153
Pothos (epripremnum) 157
Sensiviera *(sansiviera)* 159
Syngonium 161
Violeta africana *(saint-paulia)* 163

Sugerencias generales 167

INTRODUCCIÓN

El cultivo de las plantas denominadas de «interior» está cada vez más extendido entre nosotros, y cada vez se poseen más conocimientos sobre ellas. Pero por desgracia, también está muy extendida la idea de que las plantas de interior son difíciles de cuidar y por lo tanto es preferible tratarlas como si fueran un objeto que tan sólo necesita agua y, si muere, se sustituye por otra. Sin embargo, las plantas tiene más necesidades. Así lo confirman las estadísticas; cada año mueren o se estropean más del 30 % de plantas de interior por no recibir los cuidados adecuados.

Mientras no exista una mentalización general de que una planta es un ser vivo y como tal tiene necesidades que debemos satisfacer, las plantas seguirán muriendo.

Este libro trata de dar respuestas a estos problemas con un tratamiento muy claro, sin tecnicismos. Se trata quizá de una publicación un tanto peculiar, ya que mezcla la sabiduría popular con la profesional. En sus páginas recoge más de doscientos cincuenta trucos prácticos dedicados al cuidado de las plantas de interior. Estos trucos han sido recopilados del saber popular, y en su mayoría son muy efectivos y que en un momento dado pueden dar solución a más de un problema. Además, el libro combina los consejos prácticos con las respuestas a aquellas dudas que surgen en la práctica del cuidado de las plantas. El libro comienza con el decálogo de las plantas de interior y continúa con un repaso de todos los temas: alimentación, poda, reproducción, etc. Ha sido estructurado por apartados donde se combinan los trucos con los consejos. Finalmente, existen dos apartados muy importantes: el primero dedicado a las 25 plantas más populares de interior, donde se incluye una ficha muy completa de cada planta y consejos útiles sobre los cuidados; el segundo, dedicado a los problemas que surgen habitualmente, ofrece respuestas claras y prácticas.

EL DECÁLOGO
DE LAS PLANTAS DE INTERIOR

- No regar en exceso ni con agua de la red.
- Dejar secar la tierra entre riego y riego.
- Situarla lo más cerca posible de una fuente de luz (natural o artificial).
- Abonar a menudo y con el abono adecuado.
- Utilizar turba y no otro tipo de sustrato para añadir o trasplantar.
- Realizar las labores necesarias (poda, trasplante, reproducción, etc.) en la época adecuada.
- En invierno la temperatura ambiente no debe bajar de los 10 grados y en verano de los 16.
- La humedad relativa del aire muy elevada.
- No exponerlas a corrientes de aire ni a cambios bruscos de temperatura.
- Alejarlas de cualquier fuente de calor o frío (radiador, aire acondicionado, etc.).

¿QUÉ ES UNA PLANTA DE INTERIOR?

Es aquella planta de clima tropical que, al necesitar temperaturas elevadas, se adapta perfectamente al interior de nuestros hogares.

Como bien puedes imaginar, las plantas que nos ofrecen los establecimientos del ramo no proceden de su hábitat natural, ya que si así fuese, al ritmo de nuestro actual consumo, se acabaría en poco tiempo con la mayoría de especies que se emplean en la decoración de interiores. En nuestros días la mayoría de las plantas se multiplican por el sistema de reproducción llamado de *merystemun*, es decir, a través de laboratorio, que tiene una gran ventaja sobre la reproducción tradicional: por un lado, todas las plantas son idénticas y, por el otro, aún más importante, se ven totalmente libres de todo tipo de virus o enemigos genéticos y adquieren más defensas.

Formadas las plántulas en el laboratorio, se separan y se trasladan a la cámara de aclimatación, donde permanecen unos días para ser plantadas en bandejas o yogurteras con el sustrato adecuado y ser trasladadas posteriormente al invernadero, donde comienza el proceso de crecimiento.

Estos invernaderos disponen de la más moderna tecnología; una sofisticada computadora se encarga de dirigir todo el proceso, particularmente cuando es necesario abrir las ventanas del invernadero, al objeto de que baje la temperatura u ordenar a los nebulizadores que pulvericen para mantener la humedad relativa ambiental más adecuada. De esta forma, la planta, durante su estancia en el vivero, recibe todos los cuidados necesarios para llegar en perfectas condiciones a nuestros hogares.

A partir de aquí dependerá de nosotros hacerle la vida agradable cuidándola como lo que es, un ser vivo, y facilitándole todo lo necesario, o por el contrario tratarla como si fuese un cuadro u otro objeto de decoración (que es lo que suele ocurrir habitualmente), colocándola en cualquier lugar sin pensar en sus necesidades y creyendo que las plantas sólo necesitan agua para vivir. Pero no es así; las plantas necesitan exactamente los mismos cuidados que cualquier ser vivo.

ALIMENTACIÓN

El crecimiento de las plantas, como el de los seres humanos, es una consecuencia de la división de sus células, que se multiplican y aumentan de tamaño. Las plantas son seres vivos, por lo que su madurez depende en gran medida de cómo se desarrolla su infancia. Al igual que los seres humanos, necesitan más cuidados cuando son pequeñas. Si no reciben los debidos cuidados en los primeros tiempos, pueden crecer y desarrollarse mal, con el consiguiente perjuicio en las flores y en los frutos; si se pretende que las plantas crezcan sanas, deben estar bien alimentadas.

La nutrición es el proceso biológico por el cual la planta absorbe del medio que le rodea (tierra, agua, aire, otra planta, etc.) los productos necesarios para su alimentación y los transforma en su propia materia viva. Estos elementos son de dos clases: los llamados macroelementos y los microelementos. Los macroelementos componen el 90 % de la materia vegetal viva: oxígeno, hidrógeno, carbono, potasio, azufre, calcio y magnesio. Los microelementos sólo representan una parte insignificante del peso de la planta, pero no por ello son menos indispensables que los anteriores, pues su carencia puede provocar alteraciones en el desarrollo vegetal. Entre ellos se encuentran: boro, hierro, cinc, manganeso, cobre, mobidleno, cloro y cobalto.

¿Qué función desempeñan esos elementos en la nutrición y crecimiento de las plantas? Unos, como el nitrógeno, el fósforo y el azufre, componen las proteínas, sustancias fundamentales de los tejidos vegetales; otros, como el magnesio, forman parte de la clorofila. El potasio, el calcio, el sodio y otros elementos realizan diversas funciones, pero esencialmente mantienen el equilibrio químico en la planta. Por último, elementos como el hierro, el cinc y el magnesio influyen en el desarrollo.

¿Cómo adquiere la planta esos elementos nutritivos? Muchos vegetales los adquieren del suelo, a través de sus raíces, y del aire, a través de sus órganos aéreos: el tallo y las hojas.

El mejor abono para las plantas de interior es el líquido que se añadirá al agua de riego; éste debe ser asiduo, siguiendo las indicaciones del envase.

Para las plantas de flor se escogerá uno rico en fósforo y potasa y para plantas de hoja verde uno rico en nitrógeno. Durante los meses de agosto y diciembre la planta descansa, por lo que no es necesario abonar.

Cualquier derivado de animal o vegetal (leche, café, el caldo de las verduras, resto de pollo, etc.) es bueno para la alimentación de las plantas, pero en ningún caso debería sustituir al aporte de abono mineral (químico) debido a su bajo contenido en nutrientes. Asimismo, la aportación continuada y en exceso de estos elementos puede perjudicar la estructura del suelo e incluso a la misma planta —creando toxicidad e insectos como moscas y mosquitos.

El agua del acuario

Si tienes acuario en casa, cada vez que cambies el agua no la tires por el desagüe. Prueba a regar con ella y verás el efecto que produce en tus plantas, ya que constituye un excelente abono para las mismas.

Alimenta tus nuevos huéspedes

Las plantas recién compradas necesitan seguir estando bien alimentadas. Utiliza el abono líquido más adecuado para ella y no dejes de aportarle en cada riego.

Los restos del tabaco

Cuando vacíes los ceniceros no tires la ceniza a la basura; de vez en cuando (el exceso puede perjudicar) repártela entre tus plantas de interior, se trata de un formidable abono.

A tus plantas también les gusta fumar

Cada tres meses esparce el contenido de dos cigarrillos encima de la tierra de cada una de tus plantas. Saldrán beneficiadas.

El agua del jarrón

No tires el agua del jarrón de las flores, es un excelente abono para tus plantas de interior.

Huevos, abonos excelentes

La tierra de las plantas de interior se enriquece si se le añaden cáscaras de huevos machacadas. Son unos excelentes abonos naturales y, además, muy baratos.

Vino

Añadir al agua un poco de vino favorece el crecimiento de tus plantas de interior. Es estupendo.

Sopa para tus plantas

El agua (sin sal) de cocer las legumbres es rica en elementos nutritivos útiles: vitaminas, minerales, etc. Una vez se haya enfriado, riega con ese agua tus plantas de interior.

No te pases

Las plantas de interior han de abonarse preferentemente con productos líquidos. Al hacerlo, sigue escrupulosamente las intrucciones del fabricante. Diluye el producto las veces que sea necesario y si te aconsejan verter una sola dosis, hazlo así, pues de lo contrario podrías quemar la planta.

Abono... sólo después de regar

Los aportes de abonos químicos en solución deben realizarse siempre después de un buen riego. Si lo haces sobre tierra seca, corres el riesgo de quemar las raíces y la planta ya no se recuperaría.

Sírvele el desayuno a tus plantas

No tires las sobras del desayuno —leche, café con leche, cacao, etc.— pues representan un gran aporte vitamínico para tus plantas. Viértelas directamente sobre la tierra, pero sin pasarte.

Pon a dieta tus plantas

No tires el agua donde han permanecido en remojo los componentes de la ensalada (lechuga, escarola, zanahoria, cebolla, etc.). Riega con ella tus plantas y de ese modo las alimentarás haciéndoles guardar la «línea», crecerán más sanas, esbeltas y con un brillo especial.

Las bebidas

Si ofreces una fiesta, no tires los restos de whisky, anís, cava o vodka. Añádelos al agua de riego y de esa manera, tus plantas participarán de la fiesta y se pondrán alegres y fuertes.

Cuidado con los malos olores

Si abonas tus plantas con agua procedente del jarrón de las flores o de cocer las verduras, no temas por el mal olor ya que si la utilizas con moderación pasará desapercibido; en cambio, si viertes en exceso o la dejas acumulada en la base su olor puede ser mortal, sobre todo si se trata del agua procedente de cocer la coliflor.

Plantas vitaminadas

No tires las vitaminas que estén caducadas, podrás utilizarlas para abonar las plantas. Pero sé precavida y dosifica la cantidad adecuadamente.

Clavos para tus plantas

Los clavos o bastoncitos de abono constituyen un fertilizante fabuloso y cómodo de usar, pero pueden causar problemas a tus plantas. No los coloques enteros ya que podrías provocar quemaduras en las raíces y la planta sólo recibiría alimento por una sola parte, perjudicando así su crecimiento. Trocéalos y repártelos equidistantemente alrededor de la planta; de esta forma toda la planta saldrá beneficiada y sin peligro alguno.

A tus plantas también les encantan las verduras

No tires el agua sobrante de cocer las verduras, pues es un excelente abono para tus plantas. Pero recuerda que el agua no debe contener sal, ya que las perjudica gravemente.

Prepara el té también para tus plantas

Cuando consumas té, si te sobra no lo tires: pónselo a tus plantas de interior y veras qué contentas se ponen y cómo crecen.

El té, un abono formidable

No tires las bolsas de té una vez utilizadas. Al menos una vez al año esparce el contenido de una bolsa —por planta mediana— por encima de la tierra. Aparte de los nutrientes que contiene la planta también sale beneficiada por el aporte de materia orgánica que representa el contenido de cada bolsa.

Naranjas para tus plantas

Después de exprimir las naranjas, cuando limpies el exprimidor no tires los restos. Añade agua y riega con ello tus plantas, se pondrán contentas. Lo mismo ocurre con el zumo de limón o de pomelo.

FLORACIÓN

Si compras varios bulbos de jacintos puedes tener flor durante todo el invierno.

Planta un bulbo (en tierra o agua) y colócalo a oscuras en un armario. Sácalo al cabo de quince días y comprobarás que posee raíces y el brote empieza a desarrollarse. Es el momento de sacarlo a la luz. Repite la misma operación con el siguiente bulbo.

Transcurridos quince días, el primero estará a punto de florecer y el segundo ya presentará raíces. Repite la misma operación con el tercero y, de esta forma, cuando uno finalice la floración el otro la iniciará, por lo que disfrutarás durante un largo período de esta maravillosa y olorosa flor.

Disfruta de tu jacinto

Para disfrutar plenamente de la floración del jacinto, debes situarlo en un lugar fresco (alejado de la calefacción), sin corrientes de aire y sin que los rayos del sol incidan directamente sobre él.

Disfruta tú de las flores, no la floristería

Al adquirir una planta de flor es muy importante que presente pocas flores abiertas pero numerosos capullos florales, para así disfrutar tú de ellas en casa, no la floristería.

Flores marchitas: ¡Elimínalas!

No dejes que las flores marchitas de tus plantas acaben con ella. Los restos florales consumen la energía que necesita la planta para crear nuevas flores y hojas, por lo tanto elimínalas en el momento en que empiecen a marchitarse.

Nueva floración

Si quieres que tu *saint-paulia* vuelva a florecer, colócala donde reciba dieciséis horas diarias de luz directa, ya sea natural o artificial, durante cinco semanas. De esa manera podrás disfrutar de nuevo de sus espléndidas flores.

Qué le pasa a mi planta que no florece

Las condiciones idóneas para que una planta florezca son: luz en abundancia, sequedad en la tierra y satisfacer sus necesidades alimenticias con un abono rico en fósforo y potasio.

Plantas que no florecen

Prueba a colocar varias manzanas troceadas alrededor de la maceta y cúbrelo todo —planta incluida— con un plástico transparente en forma de campana durante cuatro semanas. El resultado es fantástico.

Las flores se pudren

Las flores se pueden podrir por varios motivos: frío, exceso de riego, falta de luz, corrientes de aire, etc. El motivo más frecuente suele ser la excesiva humedad. Evita mojarlas regando la planta por la base.

LOS ENEMIGOS DE LAS PLANTAS

El peor enemigo de las plantas de interior es el hombre y su manía de regar, y por mucho que nos adviertan que el 80 % de las plantas de interior mueren por exceso de humedad seguimos regando innecesariamente.

Mucho riego provoca en la planta podredumbre, manchas amarillas en hojas, caída prematura de las mismas y debilidad, suscitando el ataque de insectos y hongos.

La planta soporta mejor la falta que el exceso de humedad en la tierra. Pero la sequedad durante un largo período puede marchitarla, y si esta situación perdura ocasionará la deshidratación de sus hojas con la consiguiente pérdida de las mismas, lo que suele ocurrir en época de crecimiento y tras un largo período de sequedad, excepto en plantas pequeñas de recipiente muy pequeño. En estos casos la falta de riego provocará marchitez, y si no regamos por inmersión rápidamente morirá deshidratada.

El sol directo provoca en las plantas el deterioro de sus hojas, posibles quemaduras y enanismo; y en aquellas más delicadas, como los helechos, la muerte.

Las corrientes de aire no son tan perjudiciales como parece. A la planta lo que le afecta es el cambio brusco de temperatura; por ejemplo, si abrimos una ventana y el aire que entra es más frío que el del interior, puede provocarle un shock. Lo mismo ocurre cuando la planta está situada cerca de una fuente de calor o frío. En cambio, si el aire que crea las corrientes es de la misma temperatura, no afectará negativamente a las plantas. Los síntomas de la planta ante los cambios bruscos de temperatura son puntas secas, y hojas secas cuando falta humedad.

La falta de luz provoca en la planta raquitismo (brotes y hojas más pequeñas de lo normal), decoloración y, acompañado del exceso de riego, debilitamiento, lo que muy posiblemente le provoque la muerte en poco tiempo.

En cuanto al ataque de insectos, el más asiduo es la cochinilla, en sus diferentes formas y tamaños. Se trata de chupópteros que se alimentan de la savia de las plantas, se sitúan en el envés de las hojas y en el tronco y su forma habitual es parecida a la de una lapa de mar de color gris o marrón de pequeñas dimensiones. También nos podemos encontrar con la cochinilla algodonosa. Como su propio nombre indica, su forma es parecida a un trocito de algodón; nada más notar su presencia, se tratará con un producto adecuado.

Si el ataque es muy fuerte será necesario limpiar la planta con la ayuda de un trapo mojado, o bien rascando con el mango de una cuchara con sumo cuidado de no dañar la planta. Una vez limpia, es necesario realizar un tratamiento con un insecticida para matar el resto de las cochinillas y sus huevos; este tratamiento se repetirá tres veces, con un intervalo de ocho días. Las plantas preferidas de la cochinilla son el *ficus benjamina,* la cheflera y la *kentya,* entre otras.

La cochinilla segrega la savia sobrante, que deposita sobre las hojas, cubriéndola de un líquido pegajoso en el que se cría un hongo que origina una enfermedad llamada *negrilla;* esta enfermedad no será necesario tratarla, pues cuando haya sido erradicada la cochinilla, ya no tendrá fuente de alimentos y también desaparecerá. Naturalmente, las plantas atacadas por este hongo son las mismas que reciben el ataque de las cochinillas.

Aparte de la cochinilla y el riego, sólo atacan a las plantas de interior algún que otro tipo de hongo, como la botritis o la negrilla, anteriormente mencionada.

La botritis ataca a la planta siempre que se den las condiciones idóneas para su desarrollo: temperaturas altas y exceso de humedad. Sus síntomas son podredumbre en el tronco y en las hojas, provocando rápidamente la muerte de la planta. Es frecuente el ataque a begonias, *saint-paulia* (violeta africana) y *dieffembachias,* entre otras.

Como has podido comprobar, son varios los enemigos que atacan a tus plantas. Lo más importante es detectar el tipo de ataque que recibe para darle el tratamiento adecuado lo antes posible; de no actuar con rapidez facilitaremos el más que probable ataque de otros enemigos, siendo entonces más difícil su tratamiento.

Elimina la cochinilla con una cuchara

Antes de realizar cualquier tipo de tratamiento contra la cochinilla, te será más fácil erradicarla si limpias la planta de estos insectos con la ayuda del mango de una cuchara u otro elemento con canto romo.

El alcohol es un excelente antídoto contra las cochinillas

Para eliminar la cochinilla sin perjudicar la planta, pulverízala con una solución al 5% de alcohol de quemar. Debes repetir las pulverizaciones como mínimo tres veces con intervalos de cinco días.

Lavavajillas eficaz contra los insectos

La cochinilla se elimina instantáneamente con una cucharada de lavavajillas diluida en un litro de agua. Con esta solución pulveriza bien toda la planta: hojas, ramas, tronco e incluso la tierra.

Introduce cuatro cigarrillos en un litro de agua y al cabo de cuatro días pulveriza la planta infectada de cochinilla; comprobarás cómo las eliminas por completo. Repite esta operación tres veces con intervalos de cinco días.

Las mosquitas de la tierra son síntoma de exceso de riego. Se eliminarán en el momento en que la tierra se seque.

El tronco podrido de la planta es síntoma de un exceso de humedad tanto en la tierra como en el ambiente. Se cicatrizará en el momento en que suba la temperatura y el sustrato se seque.

Riega con zumo de tabaco

Si una vez al mes riegas tus plantas con el agua donde han permanecido varios cigarrillos —cinco por litro de agua— durante cuatro días, mantendrás a raya insectos como cochinillas o mosca blanca, además de obtener un beneficioso aporte de abono para tus plantas.

Radiador: peligro

Es peligroso que las plantas se encuentren cerca de los radiadores; la atmósfera se reseca y provocará en tu planta rápidamente hojas secas.

Tonifica tus plantas

Si preparas cualquier tipo de infusión a base de plantas medicinales, no tires las sobras. Reparte entre tus plantas tanto el líquido como el sólido; a la larga te lo agradecerán.

LA PODA

La poda de las plantas no es obligatoria pero en la mayoría de los casos es necesaria.

Las plantas de interior sólo necesitan poda si están estropeadas o enfermas; en estos casos debes realizar la poda a principio de primavera, es decir durante el mes de abril; la limpieza de hojas y ramas rotas o secas puedes efectuarla cuando sea necesario.

La poda de las plantas de interior debe ser drástica, ya que en la mayoría de los casos están deterioradas y la única solución es aplicar una buena poda para que broten sanas en primavera.

Las plantas de interior se dividen en cuatro grupos bien diferenciados en cuanto a la poda.

Al primero pertenecen todas aquellas plantas que tienen facilidad para brotar por los lados y sus anillos o nudos son bastante visibles. A este grupo pertenecen las *dieffembachias,* las chefleras, los *crotons,* las *dracaenas,* etc.

Al segundo pertenecen aquellas plantas cuyas hojas brotan directamente de la tierra y en solitario, como los helechos, la spidistra, la sensanveria, etc.

Al tercer grupo pertenecen aquellas plantas cuyas hojas en conjunto brotan directamente de la tierra y no se ramifican, como el *espatifilium*, el *cimbidium*, las *kentyas*, etc.

Al cuarto grupo pertenecen aquellas plantas que crecen en forma de árbol y no tienen facilidad de brotar por los lados, como el *ficus benjamina*. Las plantas del primer grupo admiten podas drásticas, y es necesario que así sea para obtener buenos resultados; bastará con cortar por encima del segundo nudo o anillo para que su brotación sea excelente. En poco tiempo podrás disfrutar de una exuberante planta.

Las plantas pertenecientes al segundo grupo también admiten una poda drástica, pero el corte debes realizarlo a 10 cm de la base, es decir, dejando 10 cm de planta por encima de la tierra. Las del tercer grupo se cortarán lo más abajo posible, pero respetando 15 cm desde la base de la planta o de las hojas, si ésta tuviera tronco como la *kentya*.

Las del cuarto grupo no admiten el mismo tipo de poda que las de los otros grupos, pero esto no quiere decir que puedas realizarla en caso de necesidad; es probable que dé buen resultado pero más vale no tentar la suerte: limítate a cortar todas las ramas laterales y dale forma de árbol de copa cortándole las puntas.

Si la *dieffembachia tropic* ha perdido sus hojas inferiores lo mejor que puedes hacer es practicar la poda drástica —cortando por encima del segundo nudo—. Si quieres asegurarte el éxito debes realizar la poda durante el mes de abril.

La poda drástica siempre deberías acompañarla del corte de una buena parte de las raíces —en el caso de las plantas cultivadas en recipiente, de dos terceras partes—, sustituyendo la misma cantidad de sustrato.

Plantas más frondosas

Habitualmente las plantas tienden a crecer a lo alto en detrimento de lo ancho, con tallos largos y poco poblados de hojas. Para solucionar este problema, corta las puntas de los tallos con unas tijeras. Pronto se ramificarán y conseguirás que tu planta crezca más frondosa y exuberante.

Época de poda

La mejor época para podar las plantas de interior es durante el mes de abril. Aunque también se puede podar del 15 de julio al 15 de agosto, la diferencia estriba en que en abril se puede podar drásticamente mientras que en verano la poda se limitará a dos terceras partes, dejando siempre hojas o brotes debajo del corte, es decir en la planta.

Podar en diagonal

La mayoría de plantas necesita una poda regular, pues de este modo se estimula su desarrollo y floración. Es muy importante que al practicar la poda tengas claro qué forma quieres que tenga tu planta, y realices los cortes siguiendo ese criterio, pero hazlo siempre en diagonal y por encima del nudo de la hoja.

Hojas amarillas

Las hojas amarillas de las plantas se deben retirar de inmediato. Aparte de afear la planta, la perjudican enormemente minando el crecimiento de las nuevas. El corte debe ser perfecto, sin rasgaduras.

Ramas secas

Si tu planta presenta ramas secas, elimínalas de inmediato; no esperes a la época de poda ya que podría peligrar su vida. Córtalas con tijeras bien afiladas y practica cortes limpios. Y por último busca la causa de por qué se han secado y subsánalo de inmediato para que no vuelva a ocurrir.

Cura las heridas de tus plantas

La mayoría de plantas al ser podadas segregan savia. Utiliza mercromina o cera para cicatrizar la herida.

No recortar puntas

Recortar las puntas de las hojas en mal estado no tiene ningún sentido, ya que se trata de una hoja condenada a morir. La planta tiene que alimentarla y además intentar curarla, con lo que gasta más energía de la necesaria. En cambio, si se elimina, la planta empleará esta energía en fabricar nuevas hojas fuertes y sanas.

Dale forma a tu ficus

Si tu *ficus benjamina* se queda sin las hojas inferiores, no te preocupes. Puedes darle forma de árbol. Para ello déjalo crecer hasta la altura deseada, elimina las ramitas inferiores que sobren y corta las puntas para que crezca a lo ancho formando una preciosa copa.

Atrévete a cortar tu planta

Si tu planta ha crecido en exceso es el momento de tomar medidas: practica la poda. Todas las plantas admiten poda, lo más importante es cortar por el sitio adecuado y en el momento adecuado. Recuerda que mientras más abajo cortes, con más fuerza brotará de nuevo tu planta.

Si la planta esta sana, cortar una rama y hasta el 30 % de su volumen se puede realizar en cualquier época del año sin perjudicarla en nada.

REPRODUCCIÓN

Existen tres formas de multiplicación: a través de un trozo de vegetal, por semilla o por división de mata.

Las plantas de interior se suelen reproducir a través de los restos de la poda (hojas, ramas, raíces, etc.) o por división de mata. A través de las hojas se pueden reproducir las plantas de hojas carnosas, como la *saint-paulia*, los *kalanchoes*, las *begonias*, etc. Por esquejes se multiplican todas las plantas que poseen troncos o ramas; estos troncos deben tener al menos dos nudos o anillos y de 8 a 12 cm de largo. A este grupo pertenecen plantas como los ficus, las *dieffembachias* o las chefleras. La división de mata se aplica en las plantas que brotan una junto a la otra sin formar tronco, como las bromelias, los *espatifiliums*, las *clivias* o los helechos, entre otras.

Las plantas se reproducen de dos formas: por vía sexual, a través de semillas, y por vía asexual, a través de un trozo de vegetal.

La mejor forma de propagar las plantas de interior es la vía asexual o vegetativa, debido a que en el interior es muy difícil que las plantas lleguen a formar semillas.

Las plantas están constituidas por millones de células con vida propia, por lo que de cualquier parte de una planta puedes reproducir vegetativamente otra planta. De una flor, hoja, rama, piel, tronco o raíz. Puedes crear una nueva planta con las mismas características que la planta madre. El injerto también es considerado una forma vegetativa de reproducción.

Habitualmente las plantas de interior se reproducen por esqueje, por hojas, por acodo o por división de mata, según el tipo de planta.

Para asegurar una reproducción vegetativa es conveniente untar la herida a enraizar con hormonas de enraizamiento.

La mejor época para reproducir

La mejor época para reproducir las plantas vegetativamente es del 15 de junio al 15 de agosto. También se puede realizar el resto del año, pero para asegurar el éxito debes proporcionarle calor en el sustrato y temperatura elevada en el ambiente, y humedad constante.

Para reproducir las plantas por semillas el mejor momento es a la salida del invierno (febrero/marzo).

Para reproducir vegetativamente es básico que el sustrato esté constantemente húmedo —sin encharcamientos— y que la temperatura del sustrato y de la parte aérea sea elevada.

Esquejes que agarran

Una buena solución para que las plantas agarren sin problemas consiste en añadir unos granitos de arroz a las semillas o al esqueje que vayas a plantar.

Si quieres asegurarte el enraizamiento de los esquejes, coloca filme de plástico en forma de campana y procura que la humedad y la temperatura sea elevada y constante.

Plantas gratis

A partir de las pepitas y los huesos de frutas, como el aguacate, puedes montarte un verdadero jardín interior con un montón de plantas bonitas, y si te animas, con los huesos de ciruelas y albaricoque incluso puedes plantar árboles frutales.

Los más resistentes son los aguacates, los naranjos y los nísperos, si dispones de una terraza para sacarlos al aire libre de vez en cuando. Se reproducen indistintamente a partir del hueso metido en un vaso de agua y sujeto con palillos para que no se hunda, o sembrándolo en una maceta.

Directo a la tierra

En lugar de dejar que el tallo crezca en un vaso de agua, puedes plantarlo directamente en una mezcla de tierra y arena. Rodéalo con una bolsa de plástico transparente. En su interior se acumulará humedad que favorecerá el desarrollo de raíces.

Para que tu esqueje eche raíces rápidamente, introdúcelo en un vaso de agua y colócalo encima de un radiador encendido. Quedarás sorprendida de lo rápido que forma sus raicillas.

Semilleros muy confortables

Un sistema muy sencillo para proporcionar a los semilleros suave calor de fondo consiste en instalar las bandejas de semillas en agujeros practicados en un montón de abono en estado de fermentación. Con el objeto de mejorar el efecto invernadero, cúbrelo con un cristal.

Para enraizar esquejes puedes utilizar envases de yogur, envases de tetrabrik y también botellas de plástico abiertas por la mitad.

Si viajas y recoges esquejes, compra un pañal —compresa de bebé—, empápalo de agua, introduce los esquejes en su interior (que queden totalmente cubiertos), mete la compresa en una bolsa de plástico... y a viajar.

La mejor mezcla de sustrato para enraizar esquejes o germinar semillas es 50 % de turba y 50 % de arena.

Bote de cristal: magnífica incubadora

Para que tus semillas no pasen frío ni el aire las perjudique utiliza botes o garrafas de boca ancha (de cristal o plástico) tumbados para sembrar en su interior. Es mejor que un invernadero; el único peligro que tiene es el exceso de riego.

División de mata

El medio más eficaz para dividir una mata muy densa de planta vivaz (herbácea o bulbosa) consiste en extraerla de la tierra, limpiarla, cortarla en varios trozos con un cuchillo de sierra y volver a replantar las matas inmediatamente. Para que arraiguen bien han de presentar raíces y retoños abundantes.

Cuando compres una piña tropical no tires la corola

Corta un trozo de 2 cm de grueso de la parte de la piña que contenga las hojas y entiérralo en turba. Proporciónale humedad y temperatura elevada. Verás que en poco tiempo sacará raíces y poco a poco se irá formando una preciosa planta de interior. Para asegurar el arraigo unta la herida con hormonas de enraizamiento.

Esterilizar la tierra en el microondas

Si crees que vale la pena sembrar tus propias plantas, antes de la siembra debes esterilizar la tierra en el horno microondas para evitar que luego resulten afectadas por enfermedades. De esta forma eliminarás todas las esporas de hongos y bacterias sin perjudicar la estructura de la tierra. Llena una bolsa especial para microondas con la tierra en cuestión y sométela a una potencia de 500 vatios durante 15 minutos.

Trasladar plantas

Si eres aficionada a coger plantas naturales durante tus viajes, para que lleguen a tu hogar en buenas condiciones haz lo siguiente: arranca la planta de raíz, corta la base de una botella de plástico y coloca dentro la planta. Riégala y luego introdúcela en una bolsa de plástico.

Si vuelves de viaje con esquejes de nuevas plantas y resulta que no es la época apropiada para su plantación, no te preocupes. Ponlos en la nevera y espera a que llegue el momento idóneo. Llegado este momento sólo debes cortar las puntas de estos esquejes y a plantar. Alucinarás con el resultado.

Esqueje de *pothos:* nada más fácil

Corta un trozo de rama de 15 cm e introdúcelo en un recipiente con agua. Coloca el recipiente cerca de una fuente de calor (encima del radiador, televisor o cerca del fogón) y verás con qué rapidez se crea una nueva planta. Puedes probar este mismo sistema con cualquier otra planta, asegurándote un buen resultado.

Vamos de viaje

Si tus esquejes van a tener que viajar, corta una botella de plástico por la mitad. Sujeta al fondo un paño de cocina húmedo con unas horquillas y luego introduce tus esquejes. Incluso aunque se den la vuelta no sufrirán ningún daño.

Cuando cortes una rama no la tires

Si te ves obligada a cortar una rama de tu planta, no se te ocurra tirarla: con ella puedes crear otra planta. Corta trozos de por lo menos 10 cm de largo y dos o tres nudos, unta la herida con hormonas de enraizamiento y sumérgelos en agua, que ésta cubra 5 cm. En poco tiempo dispondrás de nuevas plantas.

Una hoja, una planta

Si a tu violeta africana le sobran hojas no las tires. Introduce el rabo de la hoja en agua y colócalo encima de un radiador. En poco tiempo sacará raíces y seguidamente se formará una plantita.

Crecimiento débil

Esto significa que la planta recibió demasiado calor al principio de su crecimiento. Mantén los retoños sanos en un clima más fresco hasta que se desarrollen bien. Luego procura que el sol no la abrase.

Plantas decorativas

Las patatas, batatas o boniatos se pueden convertir en decorativas plantas de largos tallos que llegan a florecer. Para ello, colócalos en un recipiente para bulbos, de forma que rocen ligeramente el agua. Al cabo de unos días germinarán y pronto crecerán los tallos. Es mejor que sitúes la planta en una zona bien iluminada.

Un cuadro con plantas naturales

Una idea estupenda para tener a mano las plantas aromáticas que necesitas en la cocina, o simplemente para decorar un rincón del salón con tus flores preferidas.

Para hacerlo, sólo necesitas cuatro listones de madera y un trozo de reja metálica de malla ancha, que puedes pintar con un *spray* del color que prefieras. Por medio de unos ganchos en forma de *S*, cuelga todas las minimacetas que quieras.

RIEGO

El riego es la causa de que la mayoría de las plantas de interior se estropee y muchas de ellas acaben muriendo. Según estadísticas realizadas por la Oficina Holandesa de la Planta y la Flor, el 80 % de las plantas de interior tienen problemas por culpa del riego.

Es imposible confeccionar un calendario de riego ya que depende de muchos factores: el tipo de tierra, el tipo de planta, la situación, la temperatura, la humedad ambiental, si está sola o acompañada de otras plantas, etc.

Del 15 de septiembre al 15 de abril las plantas de interior no consumen casi agua, por lo que no se debería regar sino sólo humedecer la tierra. En cambio, del 15 de abril al 15 de septiembre la planta consume mucha agua, por lo que se debería regar en abundancia y a menudo. En ambos casos es muy importante dejar secar el sustrato entre riego y riego para que las raíces puedan respirar.

Las calefacciones resecan el ambiente, no la tierra, por lo que se debe combatir la humedad ambiental y no la del sustrato. Regar más sólo provocará que se pudran las raíces.

Para saber si la tierra está realmente seca hay diversos sistemas: profundizar varios centímetros con el dedo, introducir un objeto metálico... pero existen dos que son infalibles: sacar la planta del recipiente y comprobarlo, o bien cuando el sustrato se separa del recipiente. La planta resiste mucho mejor la falta de humedad que el exceso.

Si una planta sufre, por exceso de riego, la pérdida de hojas y tiene claros síntomas de podredumbre, lo mejor es actuar rápidamente cortando dos terceras partes de raíces y volviéndola a plantar en la misma maceta con sustrato nuevo.

Las plantas en plena floración como las azaleas, el *cyclamen* o las orquídeas, necesitan bastante riego, por lo que bajo ningún concepto el sustrato permanecerá seco. Durante este período, la primera vez se regará por inmersión durante 15 minutos; después, un vaso de agua a diario será suficiente para mantener la humedad constante en la tierra.

Colocar un recipiente con agua y grava, tierra volcánica, arcilla expandida o algún elemento que separe el agua del sustrato es ideal para plantas como helechos, bonsáis o plantas en floración.

En verano, agua en abundancia

En plena época cálida tienes que regar en abundancia sin dejar secar la tierra, pues la planta necesita grandes cantidades de agua para contrarrestar las altas temperaturas de la época.

En otoño, menos agua

A la salida del verano debes ralentizar el riego, pues en ocasiones las plantas muestran sus hojas amarillas por exceso de agua.

Cuidado con el riego en invierno

Riega con mucha prudencia y moderación, y deja secar la tierra entre riego y riego. Es posible que debas suspender los riegos en muchas especies, para proporcionarles un descanso invernal.

En primavera, más agua

Tras el reposo invernal, conviene volver a regar suavemente las plantas.

El exceso mata

Recuerda que la falta de agua suele tener remedio, pero no el encharcamiento, que causa daños irreversibles.

La mayoría de plantas de interior muere o se estropea por exceso de riego. Es muy importante no regar las plantas hasta cerciorarnos de que el sustrato está realmente seco.

La utilización de jardineras de hidrorriego es muy recomendable para las plantas de interior mientras se cumplan las indicaciones del fabricante: sólo se debe llenar el depósito cuando realmente la tierra esté bien seca y no cuando el depósito esté vacío. A través de las raíces, la planta come, bebe y respira, por lo que necesita tener la tierra seca entre riego y riego.

Las pulverizaciones en las plantas de interior no dan el resultado esperado; aceptarán mucho mejor una ducha de vez en cuando.

Bajo ningún concepto se debe colocar un recipiente con agua debajo de la planta en contacto directo con el sustrato, ya que provocará que se pudran las raíces y a corto o medio plazo la planta morirá.

Recuerda que la mejor agua de riego es la de lluvia, siempre que para recogerla esperes a que el cielo esté libre de polución. En su defecto se puede utilizar agua destilada o bien una mezcla a partes iguales de agua destilada y del grifo.

¿Le falta agua?

Para comprobar si una planta necesita agua, rasca con un dedo la superficie de la tierra hasta un centímetro de profundidad. Si el tacto de la tierra es seco, riégala sin perder tiempo.

Limita el riego

En invierno numerosas plantas están en reposo. Limita mucho los riegos, sobre todo si la habitación es fresca.

Regar con agua del grifo los bonsais o plantas como los helechos, las azaleas, camelias y gardenias puede provocar graves perjuicios (clorosis férrica, quemaduras en las hojas, etc.).

Regar las plantas

Si quieres regar tus macetas sin que reboce el agua puedes clavar un embudo en la tierra de la planta y regar a través de él. De este modo tus plantas se empaparán de agua sin que salga ni una gota.

Las azaleas y las *saint-paulia* se deben regar por debajo colocándolas en un recipiente con agua durante quince minutos.

Regadera de emergencia

¿Se te ha roto la regadera y necesitas una de emergencia? Fabrícala en pocos minutos cogiendo una botella de agua o cualquier refresco y haciendo unos agujeros en el tapón de plástico (utiliza para ello una aguja gruesa que habrás calentado previamente con un mechero o una cerilla).

DE VACACIONES

Que no les falte agua en vacaciones

Dispones de varios sistemas para evitar que tus plantas se sequen por falta de agua.

Por goteo: clava en la tierra de la maceta la mecha de una cuerda cuyo otro extremo estará sumergido en un recipiente con agua; la planta absorberá a través de la mecha el agua que necesite.

Macetas de autorriego: las encontrarás en grandes almacenes; los tiestos llevan un recipiente con agua que se libera de forma automática.

Turba humedecida: haz un lecho de piedras en la bañera, pon las plantas y luego rellena con turba húmeda.

Corta varios trozos de 20 cm de mecha de algodón (puede servir cualquier trozo de tela), introduce 5 cm en el agujero de drenaje de la maceta y el resto déjalo colgando —repite la operación con cada planta—. Coloca tantas macetas vacías como plantas tengas, boca abajo en la bañera, y llénela sin llegar a cubrir las macetas vacías. Coloca las plantas encima de cada maceta vacía procurando que cada mecha toque el fondo de la bañera. De esta forma las plantas estarán bien regadas durante tu ausencia por muy larga que ésta sea.

Las plantas, a la bañera

El mejor lugar para tus plantas durante tu ausencia es sin duda el cuarto de baño, siempre que reciba luz natural. Para que no pasen sed coloca una manta o toalla gruesa en el fondo de la bañera con la punta dentro de un cubo lleno de agua y coloca todas las plantas encima. Deja 2 cm de agua en el fondo; conforme se vaya agotando la manta absorberá la del cubo, por lo que tus plantas tendrán agua suficiente. Por cierto, no olvides dejar puesto el tapón.

Autorriego para plantas

Para macetas individuales o plantas en tiestos de cerámica, haz una mecha de cualquier material absorbente (una tira de algodón, una corbata, medias viejas, etc.). Mete un extremo de ésta en la tierra y el otro en un recipiente con agua.

Musgo para tus plantas

Si te vas a ausentar de casa durante cuatro o cinco días, cubre la tierra de tus tiestos con una capa de musgo bien empapado en agua. De este modo, al regresar las encontrarás en perfecto estado, ya que el musgo les habrá proporcionado la humedad necesaria.

Riega fácilmente tus grandes plantas

Instala la maceta dentro de una funda (de cerámica, plástico, etc.) mayor y coloca en el fondo 5 cm de grava u otro material. Riega con moderación y a menudo —dejando secar la tierra entre riego y riego— el agua sobrante quedará estancada pero sin tocar las raíces de tu planta, así que no le perjudicará.

¿Moho en las plantas?

Si ha aparecido moho en las hojas y base de tu planta, ello se debe a que está en un ambiente muy húmedo y poco ventilado. La solución es rociarla con un fungicida y quitar las hojas y flores muertas tirando de ellas.

Sálvala de morir ahogada

Si tu planta se está muriendo por exceso de riego, actúa rápidamente: sácala de la maceta e introdúcela en otra de mayor tamaño llena de turba o musgo seco. En pocas horas la humedad quedará absorbida por el material seco y la planta se recuperará poco a poco.

El agua de lluvia

Para aprovechar el agua no la viertas sobre las macetas, hazlo al revés: sumerge la maceta y aprovecha el agua sobrante para el próximo riego.

Mantén las plantas húmedas

Con la llegada del verano no debes olvidar colocar en las habitaciones donde tengas plantas, recipientes de agua para que el ambiente permanezca húmedo. También puedes optar por poner platos con agua y piedras debajo de las macetas, para que éstas absorban el agua y no pierdan el grado de humedad. Si practicas alguna de las dos soluciones, tus plantas no se secarán por exceso de calor.

Agua justa para tus plantas

Si has regado en exceso las macetas, observarás que queda agua en el platillo. Debes retirarla si no quieres que las raíces se pudran o la planta se desarrolle de forma desequilibrada debido al exceso de humedad.

Evita que tu planta se pudra

Coloca varios tapones en el fondo del macetero para que la maceta quede aislada. De ese modo, el agua sobrante de cada riego que tanto perjudica a tu planta no estará en contacto con ella.

Cómo regar

La mejor forma de regar las plantas es por inmersión. Dispón de un recipiente —lo suficientemente grande para que cubra la maceta—, coloca la maceta en el interior y vierte agua hasta el borde de la maceta. Déjala durante cinco minutos y ella beberá el agua que necesita sin sufrir ningún tipo de trastorno. El agua sobrante quedará acumulada en el fondo del recipiente. Para que el agua no toque la tierra, entre la maceta y el recipiente introduce una varilla de madera (las que sirven para coger los globos) y le pintas 5 cm en rojo; cada vez que te interese saber si tu planta tiene sed extrae la varilla y comprueba si está seca o no. Así, tendrás controlado el riego de tu planta.

Neutraliza el agua calcárea

Si vives en una zona donde el agua tiene mucha cal, antes de regar las plantas podrás neutralizarla añadiendo unas gotas de vinagre. Tus plantas te lo agradecerán y crecerán sanas y fuertes.

Humedad ambiental

El rododendro o azalea necesita una gran humedad ambiental, pues procede de países lluviosos. Introduce el tiesto entero en un recipiente lleno de turba húmeda. Este método de trasplante simulado conserva las raíces frescas, algo muy importante para la lozanía de esta planta si se cultiva en interiores.

Exceso de agua

Cuando el suelo del tiesto está muy oscuro, las hojas se curvan hacia arriba de manera anormal y la planta no crece todo lo que debiera, puede significar que hay exceso de agua en la maceta. Comprueba los agujeros de drenaje, quizá estén obstruidos y el agua sobrante queda retenida en el interior. Límpialos, pero después no riegues hasta que observes que la planta lo necesita.

Salva tu planta con el secador

Si tu planta ha recibido demasiada agua y por esa causa se está muriendo, seca la tierra con la ayuda de un secador de cabello. Dirige el aire caliente contra la maceta —sin que toque la tierra— hasta comprobar que se ha secado.

Regar plantas colgantes

Las plantas colgantes son muy decorativas, pero difíciles de regar, a menos que te encarames a una butaca o a un taburete. Un truco útil para situaciones extremas es poner sobre la tierra de la maceta varios cubitos de hielo, que se irán deshaciendo poco a poco y regarán la planta lentamente.

Riego en las alturas

Para regar fácilmente tus plantas colgantes puedes utilizar una bolsa o botella gota-gota de las que se utilizan en las clínicas. Llénala, colócala encima de la planta e introduce el tubito en la tierra durante 15 minutos. La planta se humedecerá sin derramar una gota en el suelo.

Evita el exceso de agua al regar

Las plantas que cuentan con una funda decorativa habitualmente mueren por exceso de riego. Para evitarlo riega la planta fuera del recipiente y no la vuelvas a colocar hasta que deje de perder agua.

El agua de grifo perjudica tus plantas

Aparte de cloro, el agua de grifo suele tener un alto contenido en sodio que perjudica enormemente a tus plantas. Así pues, dejar el agua en reposo no solucionará el problema. La solución está en regar con una mezcla a partes iguales de agua del grifo y de lluvia, o en su defecto destilada.

Cuidado al regar

Nunca debes regar la planta debajo del grifo dejando que el agua corra, ya que en su recorrido arrastrará todos los nutrientes que contiene la tierra y la planta se quedará sin alimento. Riega por inmersión durante cinco minutos y no tires el agua sobrante, utilízala para regar otras plantas, pues tendrá un alto contenido en nutrientes.

TRASPLANTES

Existen dos tipos de trasplantes: el cambio a un recipiente mayor y el cambio al mismo recipiente. El primero es el más habitual y resulta indicado en aquellos casos en que el recipiente está descompensado con el volumen de la planta y también cuando el espacio lo permite. El segundo, no tan habitual, se puede realizar sin problema en cualquier tipo de planta y es muy necesario cuando la planta está enferma e incluso cuando parece que ya no tiene remedio, pues ofrece un resultado espectacular. También puedes practicarlo cuando te interesa que la maceta no aumente de volumen, sin peligro alguno para la planta. El cambio a un recipiente mayor puedes realizarlo en cualquier época del año y consiste en sacar el cepellón de la maceta e introducirlo en otra de mayor tamaño, cuya base previamente habrás rellenado con sustrato, y una vez colocado el cepellón rellena los lados compactando para que no quede ninguna burbuja de aire, pues sería perjudicial para las raíces de tus plantas. El trasplante al mismo recipiente comporta retirar hasta dos partes del sustrato y el corte también de hasta dos terceras partes de raíces, por lo que añadirás nuevo sustrato y plantarás de nuevo en el mismo recipiente. Este tipo de trasplante se realiza a la salida del invierno y fuera de esta época sólo debes llevarlo a cabo si la planta lo necesita con urgencia. Al efectuar el trasplante es conveniente añadir al sustrato abono sólido (una dosis por macetas de 20 cm).

En cuanto al sustrato, es importante utilizar mezcla de turbas, que se encuentra ya preparada en el mercado; sólo con pedir tierra para plantas de interior será suficiente.

El mejor momento para trasplantar las plantas es a la salida del invierno (marzo/abril). De todas formas, si de lo que se trata es de cambiar la planta a un recipiente de mayor tamaño lo puedes realizar en cualquier época del año sin problema.

Raíces bien peinadas

Si una maceta se ha quedado pequeña para las plantas, las raíces de la misma forman un moño apretado. Para asegurarle una buena recuperación en un recipiente más grande, desenreda las raíces con un tenedor y corta las que sean largas.

Paso a paso

Conforme la planta se desarrolla, el tiesto original va quedando pequeño para albergar las raíces y nutrirlas bien. Entonces se hace necesario trasplantarla a una maceta mayor. Para eso extrae la planta del tiesto y limpia la capa endurecida del cepellón (molde de arena, raíces, etc.). Luego distribuye en el fondo del tiesto donde vas a ponerla unos trocitos de maceta y coloca la planta. Rellena con tierra fresca y asiéntala bien.

Las plantas cultivadas en recipiente deberían cambiarse a uno de mayor tamaño cada tres o cuatro años, o bien cortar dos terceras partes de raíces y cambiar la misma cantidad de tierra y volverlas a plantar en el mismo recipiente.

El recipiente adecuado

Cualquier maceta o jardinera servirá para cultivar tus plantas, siempre que sea capaz de contener una cantidad aceptable de tierra y disponga de un orificio o sistema de drenaje del agua excedente. Por lo demás, sólo has de considerar su atractivo en relación con la habitación o la terraza donde piensas situarla. Las encontrarás de barro, cerámica, cristal, etc.

Cepellón intacto

Para sacar el cepellón entero de la maceta, apoya la mano sobre el tiesto, sujetando el tallo entre los dedos índice y corazón. Vuelca entonces el recipiente y golpea con fuerza el borde contra una superficie, de madera por ejemplo (una mesa). La planta se desprenderá de las paredes por entero e intacta.

Guijarros y trocitos de macetas

No olvides ponerlos en el fondo de la maceta a que vas a trasplantar una planta. Cumplen una función muy importante: favorecen el drenaje e impiden que la mezcla de cultivo aflore y se pierda por los agujeros del tiesto.

Tu planta notará más el trasplante si al trasplantarla a una maceta de mayor tamaño utilizas la tierra adecuada y le añades una dosis de abono químico sólido.

Corta raíces, tu planta te lo agradecerá

Si la maceta está proporcionada con la planta no hace falta que la cambies a una de mayor tamaño. A la salida del invierno extrae hasta dos terceras partes del sustrato y corta todas las raíces sobrantes (hasta un 60%), luego vuelves a plantarla en la misma maceta añadiendo sustrato nuevo. Ya verás como te lo agradece.

LIMPIEZA

Mantener limpias las plantas es muy importante. El polvo en las hojas tapa sus células y no las deja respirar, facilitando el ataque de cualquier enemigo o enfermedad, así como el surgimiento de hongos. Existen diferentes modos de mantener las plantas limpias; en el momento de elegir ten en cuenta las necesidades de tu planta.

Abrillantador

El uso de abrillantador para la limpieza de las hojas no es perjudicial para las plantas mientras que su uso se limite a tres o cuatro veces al año. Antes de aplicarlo es conveniente limpiar de polvo las hojas, y la planta agradecerá que la limpieza se realice con un trapo húmedo.

Límpiala bajo la lluvia

Sacar la planta al exterior cuando llueve es una de las mejores maneras de limpiar tus plantas de interior.

Pero hazlo en días cálidos y después de haber llovido un buen rato, para que la atmósfera esté limpia.

Ducha tus plantas

Cada cierto tiempo deberías duchar tus plantas con agua templada, sobre todo en invierno. Aparte de refrescarlas también le saca el polvo que tanto las afea y perjudica, ya que obstruye sus células perjudicando su respiración.

Limpieza sanitaria

Para que tu planta crezca exuberante es muy importante que la mantengas limpia de hojas amarillas, flores pasadas, ramitas secas y ramas débiles, y con pocas hojas.

En otoño también caen las hojas en el interior

Así pues, no debes preocuparte si tu planta pierde parte de su follaje. Eliminar flores y hojas secas es una de las tareas propias del otoño.

Pasa el plumero

Si quieres tener unas plantas limpias, antes de aplicar cualquier tipo de producto deberás quitar el polvo. Para ello puedes utilizar un plumero y también un aspirador a marcha lenta. Una vez libres de polvo, puedes limpiar con el producto elegido, ya que de lo contrario el polvo quedaría impregnado perjudicando seriamente a tu planta.

Gel para tus plantas

Para limpiar tus plantas, diluye una cucharada de gel de ducha en un litro de agua, pulveriza con la mezcla la planta entera y a continuación sécala con un trapo limpio. Te quedará una planta preciosa y además ahuyentarás a sus enemigos...

No limpies las flores

Si tu planta está en floración no intentes limpiarla, pues te quedarás sin flores. Las flores son muy delicadas, no debes mojarlas y mucho menos aplicarle productos de limpieza por muy ecológicos que sean.

Limpia las hojas

Para limpiar las hojas grandes de ficus, marquesas, philodendro, etc., utiliza una esponja impregnada en cerveza y después sécalas con un trapo bien limpio.

Elimina las manchas con vinagre

Si las hojas de tus plantas tienen manchas de color blanco es debido al exceso de cal que contiene el agua de riego. Si quieres eliminarlas, además de cambiar de agua, diluye una cucharada sopera de vinagre en un litro de agua y pulveriza toda la planta una vez al mes.

Para las hojas delicadas utiliza un pincel

Plantas como la violeta africana o algunas begonias poseen hojas aterciopeladas o velludas, ¡no se te ocurra mojarlas! Para sacarles el polvo utiliza un pincel ancho, pero de pelos finos.

Plantas con hojas brillantes

Para sacar brillo a las hojas puedes utilizar cualquier producto de los que venden en las tiendas especializadas; pero si deseas recurrir a una fórmula casera, vierte en un bol un poco de leche y otro tanto de cerveza. Después de batir la mezcla, aplícala con una esponja en cada hoja, luego saca brillo con un paño limpio. El resultado es fabuloso.

Puntas amarillas

Si sólo son las puntas puedes recortarlas, pero si es más de un 30% de la hoja es mejor que la elimines. Piensa que el alimento que necesita la planta para alimentar una nueva hoja lo está malgastando en una hoja en mal estado; si la eliminas brotará rápidamente otra nueva.

Bonsais limpios

La limpieza es muy importante para los bonsais. Límpialos periódicamente pero con sumo cuidado. Utiliza para ello en primer lugar un pincel seco de pelos finos; una vez limpio de polvo, pulveriza con agua a la que previamente le habrás añadido un poco de cerveza o leche.

SOLUCIÓN A LOS PROBLEMAS

POR QUÉ OCURRE Y QUÉ HACER CUANDO:

Las hojas pierden color

A menudo las plantas de interior pierden contraste en sus hojas matizadas —aquellas que tienen distintas tonalidades y colores—. Se trata de un proceso lógico de defensa de la planta ante la falta de luz y puede provocar que la hoja acabe siendo verde por completo. Este problema suele presentarse especialmente durante el invierno, cuando hay deficiencias de luz en las habitaciones. Para solucionarlo debes situar la planta en cuestión junto a la ventana.

La calefacción afecta las plantas

La calefacción es el enemigo número dos: reseca el ambiente y provoca trastornos graves en la planta, pues en invierno la planta necesita temperaturas más bajas debido a que se encuentra en su época de reposo. Para contrarrestar la sequedad lo mejor es colocar todas las plantas juntas; así, entre ellas crearán un microclima de humedad —las pulverizaciones no solucionan el problema—. También se puede colocar debajo de cada planta un recipiente con agua aislándolo de tal forma que el agua no esté en contacto con la tierra —el agua se evaporará creando humedad alrededor de la planta.

Una planta tiene exceso de humedad

Lo mejor es secar de inmediato la tierra y, si fuera necesario, cortar hasta dos terceras partes las raíces y cambiar parte del sustrato. Si no actúas rápidamente, tu planta probablemente morirá.

Una planta presenta hojas amarillas

Habitualmente es a causa de exceso de humedad o de frío. En este caso es muy importante buscar la causa y actuar rápidamente. Si se debe a exceso de riego, secar o cortar raíces; y si es debido a las bajas temperaturas, cambiarla de lugar.

Una planta presenta la punta de sus hojas de color amarillo

Las puntas amarillas normalmente se deben a la falta de humedad ambiental, en la mayoría de los casos por culpa de las calefacciones. El remedio consiste en colocar un humidificador, agruparlas o cambiarlas a una habitación más fresca.

Las hojas presentan manchas de color marrón

Normalmente es debido a un exceso de riego y seguramente tiene ya buena parte de sus raíces podridas. Actúa rápidamente cortando la mitad de las raíces y cambiando la tierra por una más seca.

Sacar las plantas para que se mojen cuando llueve es bueno

Siempre que la atmósfera se haya limpiado y la temperatura exterior sea similar a la interior.

El tronco se pudre

Seguramente ya no tiene remedio. Puede ser debido a un exceso de riego acompañado de frío. Cura el tronco con mercromina o pasta cicatrizante y elimina todas las raíces podridas. Por último, coloca alrededor del tronco una bolsa de plástico transparente en forma de campana durante tres semanas.

Caída repentina de todas las hojas

Habitualmente es debido a falta o exceso de humedad en la tierra. Es decir por deshidratación o por asfixia. En estos casos lo mejor es podar rápidamente. Esperar sin podar a ver si brota no tiene sentido, porque la planta se ha quedado sin fuerza y difícilmente brotará si no realizas la poda.

Una planta no florece

Que una planta no florezca en el interior suele deberse a falta de luz. Piensa que las plantas necesitan como mínimo doce horas de media de luz diaria —ya sea artificial o natural—; además, hay ciertas plantas que para florecer necesitan unas horas concretas de luz. También podría ser debido a falta de fósforo y potasio, los dos minerales que inducen la floración en las plantas.

Una planta no crece

En el crecimiento de las plantas de interior influyen varios factores: falta de luz, exceso de riego o falta de abono.

Manchas de color gris en las hojas

Normalmente estas manchas son culpa del exceso de cal que suele llevar el agua de riego. Añade vinagre al agua y las manchas desaparecerán.

Manchas de color ceniza y cobre en la tierra

Esto es un signo inequívoco de exceso de humedad. Disminuye los riegos y remueve periódicamente la tierra.

Las hojas brillan y la planta está pegajosa

La planta ha recibido el ataque de cochinilla; elimínala y la planta quedará limpia de este líquido que no es otra cosa que la savia azucarada que segrega este insecto. Se elimina limpiando primero la planta con la ayuda del mango de una cuchara o un algodón impregnado en alcohol y después debe ser tratada con un producto adecuado.

¿Perjudican las corrientes de aire?

Las corrientes de aire no son perjudiciales para las plantas de interior mientras no conlleven un cambio brusco de temperatura.

Para que la azalea me dure

Las azaleas necesitan bastante riego durante su floración, por lo que bajo ningún concepto el sustrato debe permanecer seco. Durante este período, la primera vez se regará por inmersión durante 15 minutos y después a diario; será suficiente con un vaso de agua para mantener la humedad constante en la tierra.

CONSEJOS Y TRUCOS PARA CUIDAR LAS 25 PLANTAS DE INTERIOR MÁS POPULARES

AGLAONEMA

La *aglaonema* es especialmente vistosa por la forma de sus hojas: ovales, muy largas, y de diferentes tonalidades de verde. Su flor suele ser blanca, pero carece de interés decorativo debido a su reducido tamaño.

Se trata de una de las plantas que mejor se aclimata al interior, ya que no ofrece demasiados problemas. Como a la mayoría de las plantas, no le gusta el exceso de riego aunque ofrece mayor resistencia tanto al riego excesivo como a la oscuridad.

Reproducción

La mejor forma de reproducir una *aglaonema* es por división de mata. Para ello, saca el cepellón de la maceta y divídelo en varios trozos (tantos como brotes tenga) con la ayuda de un cuchillo de sierra. Luego planta uno o varios brotes por maceta con el sustrato adecuado.

Tallos de hoja amarillos

Esto suele ocurrir cuando en la tierra hay exceso de agua. Es muy importante secar la tierra de inmediato y regar con moderación.

¡Se muere!

Probablemente se deba a un exceso de agua o quizá al frío, pues no soporta que el termómetro baje de los 10 grados. Tanto por un motivo como por el otro, las hojas se vuelven amarillas y se pudren rápidamente. En estos casos debes practicar el corte de raíces, aportar sustrato seco y eliminar toda hoja en mal estado.

Pierde hojas

Debes buscar la causa. Posiblemente encuentres varias: falta de luz, exceso de riego, ambiente seco. En muchos casos se soluciona agrupándola con otras plantas y, lógicamente, vigilando sus necesidades.

Troncos casi sin hojas

En el caso de que tu *aglaonema* presente troncos pelados, debes cortar por encima del segundo nudo (no estaría de más cortar también algunas raíces). Realízalo en la época idónea.

ANTHURIUM

Sería difícil encontrar una planta más bella, más exótica y mejor adaptada a los interiores modernos que el *anthurium*. Tan exuberantes resultan sus hojas como bellas sus flores, que como flor cortada son muy apreciadas por los profesionales debido a su exotismo. Planta muy resistente, se aclimata perfectamente al interior de nuestros hogares. Requiere luz tamizada, el riego ha de ser moderado, ya que su exceso es la causa habitual de su muerte. Requiere sólo poda de limpieza, es decir, cortar hojas y flores marchitas. Es muy importante no cortar las raíces aéreas —aquellas que salen al exterior—, ya que la planta las utiliza para respirar.

Hojas de punta amarilla

Las hojas de punta seca pueden ser motivadas por excesos y también por aguas duras. Cambia de agua de riego y elimina de inmediato las hojas afectadas, ya que frenan la creación de nuevas hojas.

Manchas marrones en las hojas

El exceso de riego y a veces las bajas temperaturas provocan manchas de color marrón en las hojas. Corta todas las hojas afectadas a ras de suelo y elimina la mitad de las raíces; añade sustrato seco y riega con moderación. Si no realizas esta operación, poco a poco tu planta irá perdiendo todas sus hojas hasta morir.

ASPLENIUM (*A. NIDUS*)

Comúnmente conocida por «nido de ave». Es muy peculiar el modo en que sus hojas convergen en su base, precisamente en forma de nido. Sus hojas son rígidas y destacan los nervios con un verde más oscuro que el follaje, lo que propicia un bonito contraste. Decorativas por sus hojas de gran tamaño y de color verde claro parecidas a las de la lechuga común, de ahí su nombre popular. Amante de la humedad ambiental pero no del encharcamiento, le gusta estar acompañada de otras plantas para conseguir así un alto grado de humedad relativa en el ambiente. No le gusta la luz directa y mucho menos el sol.

Para conseguir una nueva planta deberás dividir la mata, si ésta se compone de varias plantas. Otro sistema de reproducción es a través de sus esporas, que están situadas en el envés de las hojas, siendo ésta la forma habitual de reproducción de los helechos.

Se ha quedado sin hojas

Normalmente la pérdida de hojas viene provocada por el exceso de humedad en el sustrato. Corta los restos de planta que queden y elimina dos terceras partes de las raíces, añadiendo sustrato nuevo.

Las hojas crecen débiles y con manchas

Estos síntomas pueden ser provocados por varios elementos: frío, excesiva luz, encharcamiento o falta de alimentos.

Hojas mordidas

Tu planta tiene algún huésped ingrato que se la está comiendo. Intenta localizarlo; si no lo consigues, utiliza algún tipo de producto contra orugas, el depredador más asiduo de esta planta.

Hojas raquíticas

Suele ocurrir a causa de un desequilibrio en la alimentación o bien por exceso de humedad, y a veces por falta de luz.

Puntas quemadas

Las hojas de punta quemada denotan una sequedad ambiental muy elevada. En algunos casos esto va acompañado de un exceso de riego. Recuerda que esta planta requiere humedad pero en ningún caso encharcamiento.

Hojas enrolladas

El *asplenium* enrolla sus hojas cuando la temperatura baja de los 12 grados y también por falta de luz. Si no quieres que se muera debes cambiarlo de lugar. Ésta será la única forma de que se recupere.

AZALEA

Su nombre científico es *rodhodendron indicum.* Crece muy bien en los jardines. El mayor atractivo de su cultivo está en hacerlas dar flor en años sucesivos. Tras su floración a principios de la primavera, la planta debe colocarse a cobijo de las heladas, pero a la vez manteniendo el ambiente lo más fresco posible. Debes mantener la planta lejos de las corrientes de aire y de los radiadores, manteniendo la humedad de la tierra sin encharcar.

Cuando las flores se marchitan, conviene quitarlas rápidamente. En el momento en que las hojas empiezan a caer, debes quitar todas las flores que queden y situar la maceta en la terraza o jardín, en una zona muy fresca y sin corrientes de aire ni sol directo. No admite poda drástica, pero sí el corte de brotes y ramas secas.

Azaleas duraderas

La azalea es una planta muy delicada, que odia el calcio. Por lo tanto, si quieres que se mantenga sana mucho tiempo, no debes regarla con agua de grifo sino con agua de lluvia, mineral o de la que se obtiene al descongelar la nevera. Si sólo tienes agua de grifo, puedes añadir un poco de vinagre, que neutralizará el calcio.

Las azaleas y las *saint-paulia* deben regarse por debajo, colocando un recipiente con agua durante 15 minutos.

Las azaleas durante su floración necesitan bastante riego, por lo que bajo ningún concepto debe permanecer seco el sustrato. Durante este período, la primera vez se regará por inmersión durante 15 minutos y después a diario será suficiente con un vaso de agua para mantener la humedad constante en la tierra.

Agua debajo: prohibido

En ningún caso dejes el agua sobrante del riego estancada y en contacto con el sustrato. Ello provocaría la pérdida inmediata de hojas y flores.

No mojes las flores

La azalea no soporta que mojes sus flores, que en ese caso se pudren rápidamente. Riega siempre por inmersión o por debajo y evita mojar sus flores y hojas.

Larga floración para tu azalea

Si quieres alargar al máximo la floración de tu azalea debes tener en cuenta lo siguiente: manténla siempre húmeda pero sin encharcamiento, retira todas las flores marchitas, no mojes las flores y colócala en un lugar fresco evitando que el sol le dé directamente.

BILBERGIA

Es una de las especies que, dentro de la familia de las bromiliáceas, más resistencia ofrece para su desarrollo en el interior. Decorativa por su conjunto de hojas verdes, cubierta de una película grisácea, florescencias de color rosa en forma de piña y florecillas amarillas. El fin de la floración te indicará también el fin de la planta. Una vez ha florecido y antes de morir, en su base crecerán varios hijuelos que, una vez crecidos, debes trasplantar individualmente. Planta muy resistente pero, como la mayoría de plantas que viven en el interior, no soporta el exceso de humedad en la tierra, ni las bajas temperaturas. Es muy importante que en ningún caso contenga agua estancada en su interior, ya que esto le produciría la muerte; seguramente habrás observado en alguna ocasión que en el vivero contiene agua, esto se debe al alto porcentaje de humedad ambiental y a las altas temperaturas, circunstancias que no se dan en nuestros hogares.

¿Por qué no florecen los hijos?

Para florecer necesitan luz en abundancia y un abono muy rico en fósforo y potasio. También puedes forzar la floración colocando cuatro medias manzanas alrededor de la maceta y cubriendo éstas y la planta con un plástico transparente en forma de campana durante cuatro semanas.

¿Cuándo puedo trasplantar los hijos?

En el momento en que observes, extrayendo tierra de la base, que posee suficientes raíces. Entonces corta la parte que le une a la madre con un cuchillo bien afilado y plántalo en una maceta de 14 cm con sustrato especial para plantas de interior.

La flor se pudre

El motivo es el agua que normalmente queda estancada en la base de la flor. En su hábitat natural esta planta contiene agua en su interior debido a las altas temperaturas; ésta se evapora aportándole humedad. En nuestras casas esto no ocurre porque habitualmente la temperatura no es tan elevada, por lo que el único efecto que hace el agua estancada en su interior es pudrirla.

Cuidado con la limpieza

Para quitar el polvo utiliza un pincel y, una vez limpia de polvo, rocíala sólo con agua. Nunca quites el polvillo gris que contienen sus hojas: les sirve de protección.

CHAMAEDOREA

Se trata de una pequeña palmera muy decorativa por la elegancia de sus hojas. Se puede cultivar tanto en el interior como en un jardín o adornando una terraza, por supuesto en zonas cálidas. Su altura máxima no suele superar los dos metros. Planta de gran resistencia, necesita un lugar luminoso pero no sol directo. Su peor enemigo es el exceso de agua, aunque lo resiste mejor que otras plantas. Vive mejor en una maceta pequeña, por lo que es importante no cambiarla demasiado a menudo; es mejor cambiar parcialmente el sustrato y dejarla durante largo tiempo en la misma maceta. La única poda que admite es la de limpieza.

Qué puedo hacer si tiene pocas hojas

En principio debes buscar dónde está el fallo, pues se trata de una planta fuertísima y cuando esto ocurre es que algo falla; puede ser por exceso de agua, falta de luz o quizá falta de abono.

No crece y la tierra presenta manchas de color amarillo

Estas manchas son provocadas por el exceso de humedad en la tierra. Riega con moderación y remueve la tierra para que las raíces puedan respirar.

CHEFLERA

Esta planta en estado silvestre es un árbol de hoja perenne, capaz de alcanzar los 4 m de altura. Sus hojas son oblongas y coriáceas, de largo peciolo, y crecen en grupos de tres o más. Es decorativa sólo por sus hojas, ya que suele florecer exclusivamente en su hábitat natural durante la época estival (sus flores son rojas).

Durante el verano necesita un ambiente iluminado y aireado, pero al abrigo del sol y sobre todo de las corrientes de aire. Prefiere la luz tamizada, la humedad relativamente alta, riegos moderados y en invierno una temperatura ambiente alta. El exceso de riego o las bajas temperaturas provocarán la caída repentina de sus hojas.

Una vez ha perdido sus hojas inferiores, es conveniente cortar los troncos dejando sólo tres nudos por encima del sustrato. Esta operación se realizará a principio de primavera.

Proteger la cheflera de los ataques de cochinillas

La cochinilla tiene diferentes formas: parecida a una lapa adherida a la planta, de color negro, gris o blanco; como borra de algodón blanco y como arenilla de color gris. Este insecto se sitúa normalmente justo en la salida del nuevo brote y entre la rama y el tronco. Al menor indicio de su presencia, pulverizar con el producto adecuado.

Está pelada

Es bastante normal que la cheflera pierda sus hojas inferiores. Pero en muchos casos este proceso se acelera debido a los cuidados recibidos (excesos de riego, frío, falta de luz, etc.). Cuando ello ocurra, córtala por encima del segundo nudo y el resultado te sorprenderá. Con el resto puedes obtener nuevas plantas.

Crecimiento excesivo

Cuando esto ocurra puedes cortar por donde creas oportuno, pero piensa que donde practiques el corte brotará de nuevo.

CISUS (*CISSUS*)

Se trata de una planta ornamental en forma de enredadera, de gran resistencia y muy vistosa para su cultivo en el interior por sus hojas en forma de parra muy verdes y brillantes. Planta de gran resistencia, soporta las bajas temperaturas y los lugares a media luz. Requiere luz tamizada y muy poco riego, es decir, el sustrato más bien seco y el ambiente húmedo. Habitualmente no necesita poda, excepto cuando pierda sus hojas y presente troncos pelados; el corte de hojas y ramas secas debes realizarlo cuando sea necesario.

¡Uf!, cada vez que riego tengo que descolgar mi cisus

Para no tener que descolgar la planta cada vez que la riegas, colócale una funda de plástico o cerámica. Antes de poner la maceta en su interior esparce grava u otro material en el suelo de la funda, para crear un depósito de agua. Cuando riegues, el agua quedará estancada en el fondo y solucionarás el problema; además, no tendrás que regar tan a menudo.

Se ha quedado pelada

¡No la tires! Corta todas sus ramas dejando sólo 5 cm de ellas. Remueve la tierra y abónala. El resultado es alucinante.

Polvo gris en las hojas

Se trata de un hongo llamado *oidium*. Combátelo con un fungicida. La aparición de este hongo denota un exceso de riego. Mantén la planta seca durante un largo período y sólo limítate a humedecerla.

Ramas largas y raquíticas

Si el cisus desarrolla ramas débiles con pequeñas hojas, se debe a una importante falta de luz. Cámbiala de lugar o bien facilítale luz artificial.

Cómo reproducirlos

Nada más fácil; corta trozos de unos 10 cm de largo (elimina las hojas) y colócalos dentro de un vaso de agua, cuyo nivel cubra una tercera parte de los esquejes. En poco tiempo verás cómo tus ramitas echan raíces y a continuación brotan.

Puede vivir en el exterior

En zonas cálidas se aclimata perfectamente al exterior. Puede aguantar tranquilamente hasta 0 grados sin problemas, eso sí, bajo techo.

COCO (*COCCUS NUCIFERA*)

Apreciada por sus exóticas hojas de palmera y por la curiosidad que supone el que el brote surja de un coco y que éste quede a la vista. Se trata de una de las plantas más exóticas pero al mismo tiempo más delicada para interiores. Esto no concuerda con la idea que se tiene de las palmeras (son fuertes y resisten todo tipo de adversidades). En realidad es cierto, pero en este caso tiene una razón para ser delicada: se trata de una planta que se alimenta a través de su semilla y ésta a su vez se alimenta a través de las pocas raíces que penetran dentro del sustrato; esto es así mientras la planta es recién nacida, pero cuando necesita una sobrealimentación y la semilla no dispone de ella ni sus raíces se la pueden suministrar debido a la poca fortaleza de éstas, la planta se viene abajo (esto no sucedería si la semilla permaneciera totalmente enterrada). Requiere una exposición luminosa pero sin sol directo, un sustrato no muy húmedo y humedad en el ambiente; el agua del grifo puede causarle quemaduras en las hojas.

Cómo alargar su vida

Para ello debes mantener el coco (semilla) enterrado y bien húmedo, para que así se pudra y forme más cantidad de raíces, que es lo que necesita la planta para seguir viviendo.

Mi coco se muere

Para evitar que muera, mira por dónde salen las raíces. Con la ayuda de un cuchillo agranda el agujero para que la raíz pueda engordar sin problemas. A continuación entierra todo el coco (la semilla), y por último corta las hojas en mal estado. Mantén constante la humedad en la tierra y facilítale el máximo de calor. Si no es demasiado tarde, en poco tiempo verás recuperarse tu coco.

Manchas marrones en sus hojas

Estas manchas salen cuando la temperatura es muy baja o bien cuando hay exceso de humedad en el sustrato.

Hoja seca sin motivo aparente

Puede ser normal de la planta, pues sólo mantiene tres hojas por planta, y si tiene más se seca la más vieja. De no ser éste el motivo, podría ser debido a un exceso de riego.

CROCATA (*CALATHEA*)

Destaca entre las demás variedades de *calathea* por ser la única que es apreciada por sus maravillosas flores de color anaranjadas.

Es amante de las altas temperaturas y enemiga de las corrientes de aire y el exceso de riego. Es importante que reciba luz pero no sol directo. Su peor enemigo aparte del exceso de riego es el tipo de agua; el agua de grifo, por su dureza y alto contenido en sodio, le provoca quemaduras en sus delicadas hojas, por lo que deberías regarla con agua de lluvia o en su defecto destilada. La poda se debe realizar cuando la planta presente un aspecto desolador: hojas raquíticas, amarillas o muy debilitadas; ése sí es el momento de cortarle toda su parte aérea. Esta operación debes realizarla a mediados de la primavera, pues de ese modo tendrás la seguridad de que brotará de inmediato y recuperará su aspecto habitual.

Hojas de punta seca

Las hojas de punta seca pueden ser motivadas por bajas temperaturas o por aguas duras. Eleva la temperatura o cambia de agua de riego y elimina de inmediato las hojas afectadas, ya que frenan el brote de nuevas hojas.

Manchas marrones en las hojas

La causa de las manchas marrones en las hojas es el exceso de riego. Corta todas las hojas afectadas a ras de suelo y elimina la mitad de las raíces, añadiendo sustrato seco, y luego riega con moderación. Si no realizas esta operación, poco a poco tu planta irá perdiendo todas sus hojas hasta morir.

Antes de que muera, sálvala

Si tu crocata pierde buena parte de sus hojas, actúa rápidamente. Corta a ras de tierra y verás como rebrotará. Si la caída de hojas ha sido provocada por un exceso de agua, corta dos terceras partes de raíces (que seguramente estarán podridas) y añade sustrato nuevo y seco.

Prohibido mojar las hojas

Las hojas de las crocatas son muy sensibles. Procura que no se mojen, sobre todo si la temperatura no es demasiado elevada. Para limpiarla utiliza un pincel, o un secador de cabello.

CROTÓN (*CODIEUM*)

Plantas muy apreciadas por la diversidad de formas y atractivos colores de sus hojas. No suelen vivir demasiado tiempo en el interior de casa. Necesitan temperaturas elevadas y una humedad relativa considerable que se consigue pulverizando las hojas varias veces al día, o utilizando un humidificador (en especial durante el verano). Para su desarrollo necesitan, además, abundante luz directa, pero en el verano debe evitarse que los rayos solares incidan directamente sobre sus preciosas hojas. El riego debe ser frecuente, procurando que la maceta permanezca húmeda pero sin encharcamientos. Su principal enemigo es la cochinilla algodonosa.

La poda se realizará sólo cuando sea necesario, es decir cuando pierda sus preciosas hojas, y se dejarán intactos por lo menos tres nudos por encima del sustrato; para que esta operación tenga éxito se practicará al principio de la época cálida.

Hojas caídas

Si tu crotón presenta hojas caídas, es signo inequívoco de que pasa frío. Cámbialo de lugar antes de que pierda todas las hojas. Si tu crotón empieza a perder hojas puede ser a causa de exceso o falta de agua, o de falta de luz.

Mi crotón sólo tiene una hoja

¡No lo tires! En este caso debes cortar por encima del tercer nudo (dejando sólo 15 cm de planta); probablemente también necesitará el corte de raíces si la pérdida de hojas ha sido motivada por exceso de agua.

Las hojas han perdido color

La pérdida del color de las hojas viene motivado por falta de luz y a veces también por exceso de riego. Colócala cerca de una ventana e incluso proporciónale algunas horas de luz artificial.

Manchas grises en la tierra

Las manchas de color gris en la tierra denotan un exceso de agua. Remueve la tierra para airear sus raíces y riega con moderación, sobre todo en invierno.

Algodón en el brote

Se trata del ataque de la cochinilla algodonosa. Elimínala con la ayuda de un trozo de algodón impregnado en alcohol; a continuación pulverízala con un producto adecuado, tres veces con intervalos de ocho días.

DIEFFEMBACHIA (*D. AMOENA, D. TROPIC, D. COMPACTA, D. CAMILLA Y EXÓTICA*)

Decorativas por sus exuberantes hojas, que son de grandes dimensiones en las variedades *amoena* y *tropic* (entre 30 y 60 cm), y menos de 20 cm el resto de variedades, pero de crecimiento más compacto. Conviene advertir que la savia de la *dieffembachia* contiene estricnina, por lo que resulta tóxica; es preciso vigilar a los niños siempre que estén cerca de estas plantas.

Requieren exposiciones muy luminosas, pero ha de evitarse que los rayos del sol incidan directamente sobre sus hojas, ya que podrían quemarlas. Asimismo, para su adecuado cultivo requieren temperaturas elevadas y riegos frecuentes en el período de crecimiento y muy espaciado el resto.

La poda debe realizarse cuando: la planta ha crecido demasiado; ha perdido todas sus hojas; está en muy mal estado. La mejor época para realizar la poda es en abril, y con los restos puedes conseguir nuevas plantas. Esta operación tienes que llevarla a cabo con sumo cuidado para tener éxito: corta el o los troncos a unos 15 cm por encima del sustrato, procurando dejar de dos a tres nudos, la herida producida por el corte se untará con crema cicatrizante (en su defecto puedes utilizar cera).

Es normal que la *dieffembachia tropic* pierda sus hojas inferiores mientras brotan nuevas; por este motivo se conoce popularmente como falsa palmera. La pérdida de hojas sin que previamente hayan brotado nuevas puede ser debido a un exceso de riego.

Corta sin temor

Cuando tu *dieffembachia tropic* se quede sin hojas en la parte inferior, corta dejando unos 15 cm de tronco. En poco tiempo surgirán varios brotes y obtendrás una maravillosa planta ramificada. Para asegurar el éxito, realiza el corte en el mes de abril.

Antes de que el frío acabe con ella, sálvala

Si tu *dieffembachia* de hojas pequeñas pierde buena parte de éstas, actúa sin perder tiempo: corta por encima del segundo nudo y verás como brotará. Si la caída de hojas ha sido provocado por un exceso de agua, corta dos terceras partes de raíces, que seguramente estarán podridas, y añade sustrato nuevo y seco.

El frío las mata

Las *dieffembachias* no soportan las bajas temperaturas. Por debajo de los 12 grados tu *dieffembachia* presentará hojas amarillas; si no lo solucionas, en poco tiempo te quedarás sin ella. Antes de que sea tarde, cámbiala de lugar; y si está muy deteriorada, pódala sin miedo.

DRACAENAS: FRAGANS (TRONCO DEL BRASIL), *MESANGEANA* (TRONCO DE LA FELICIDAD), *MARGINATA, DEREMENSIS*, ETC.

Las *dracaenas* poseen una gran capacidad de adaptación, por lo que su cultivo en interior no presenta excesivos problemas. Favorecen el crecimiento de otras plantas si las cultivas de manera conjunta, pues debido a su extraordinaria dureza, las *dracaenas* propician un microclima ideal para especies más delicadas.

Muy empleada en decoración por la gran variedad de tamaño, color y forma de sus hojas. Admite podas drásticas a principios de primavera. Soporta bien cualquier lugar mientras posea un mínimo de luz y más de 12 grados, ya que se trata sin duda del género de plantas que mejor se ha adaptado a las adversidades del interior de nuestros hogares.

Su peor enemigo es el exceso de agua, que le provoca caída prematura de hojas. Esta planta tiene tendencia a perder sus hojas inferiores en favor de las superiores, por eso recibe el sobrenombre de falsa palmera. Le gusta la luz directa, muy poco riego durante el período de descanso y algo más en la época de crecimiento pero sin pasarse. No necesita el recipiente demasiado grande por lo que debes tardar en cambiarla a uno de tamaño superior, en todo caso se puede cambiar parte del sustrato.

Hojas amarillas: normal

Que el tronco del Brasil (*dracaena fragans*) o cualquier otro miembro de esta familia presenten hojas amarillas es normal; se conoce popularmente como árbol «T», ya que debido a la pérdida de sus hojas inferiores su aspecto se asemeja a esta letra. Lo que no es habitual es una pérdida de hojas excesiva y que no las recupere. En este caso, la causa suele ser un exceso de agua.

Cuidado con las cochinillas

Has de vigilar los ataques de cochinillas, bastante habituales en estas plantas. La cochinilla que suele atacar a las *dracaenas* es la algodonosa, posee forma de borra de algodón de color blanco. Este insecto se sitúa justo en la salida del nuevo brote y entre la rama y el tronco. Al menor síntoma debes pulverizar con el producto adecuado.

Los troncos del Brasil necesitan muy poca cantidad de agua sobre todo en invierno. El exceso de agua es la causa principal de que sus hojas se vuelvan amarillas, e incluso la causa de su muerte en la mayoría de casos.

Crecimiento excesivo

Cuando esto ocurra, corta las ramas por encima del segundo nudo y en poco tiempo disfrutarás de una nueva planta. Con los restos del corte puedes conseguir nuevas plantas.

ESPATIFILIUM

Se trata de una planta de 30 a 40 cm de altura. Posee hojas de un verde intenso y brillante, acentuado por vistosas nervaduras. Sus inflorescencias de color blanco nacen del centro de cada planta y están formadas por una espiga protegida por una bractea en forma de espátula. En la actualidad es una de las plantas más solicitadas debido a su buena adaptación al interior, pues se aclimata a cualquier lugar de la casa. Sólo necesita un poco de luz. Durante la época templada-cálida, riego normal sin encharcamiento; y en la época fría, poca agua y sólo cuando esté realmente seca. Necesita una temperatura mínima de 14 grados.

Manchas oscuras en las hojas

El exceso de riego, y a veces las bajas temperaturas, provocan las manchas en las hojas. Corta todas las hojas afectadas a ras de suelo y elimina la mitad de las raíces, añadiendo sustrato seco. Luego riega con moderación. Si no realizas esta operación, tu planta irá perdiendo todas sus hojas hasta morir.

¡Se muere!

Probablemente se deba a un exceso de agua o quizá de frío, pues no soporta que el termómetro baje de los 10 grados. Tanto por un motivo como por el otro, las hojas se le vuelven amarillas y se pudren rápidamente. En estos casos debes practicar el corte de raíces, aportarle sustrato seco y eliminar todas las hojas en mal estado.

La tierra presenta manchas grises

Las manchas de color gris en la tierra denotan un exceso de agua. Remueve la tierra para airear sus raíces y riega con moderación, sobre todo en invierno.

Crear nuevas plantas

El *espatifilium* se reproduce por división de mata, que consiste en extraer el cepellón de la maceta, dividirlo en varios trozos con un cuchillo de sierra y volver a replantar las matas inmediatamente. Para que arraiguen bien, los trozos han de tener raíces y hojas.

Hojas caídas

Esto suele ocurrir por falta de humedad en la tierra. Riégala y se recuperará rápidamente.

FICUS

Proceden de África y Asia. Se trata de árboles de gran volumen que pueden alcanzar más de 30 m de altura y desarrollan considerables raíces aéreas. Muy apreciados para la decoración, tanto de interior como de exterior, por la diversidad de especies y variedades que posee: desde la diminuta hoja del *ficus pumila*, que se utiliza como trepadora o colgante, pasando por los elegantes *benjaminas*, en todas sus variedades y finalizando con el *lyrata*, de grandes hojas, también utilizado en la decoración de interiores. En las zonas templadas se aclimata mejor en el exterior que en el interior. Lógicamente, en las zonas de clima frío han de permanecer en el interior.

En el interior necesitan luz en abundancia pero sin sol directo, riego escaso en otoño-invierno y moderado en la época templado-cálida. El ambiente ha de ser húmedo y la temperatura entre los 15 y 20 grados.

Para que el *ficus benjamina* mantenga todas sus ramitas llenas de hojas es muy importante practicar tres o cuatro veces al año el pinzado (recorte de las puntas).

El *ficus benjamina* en la zona templada resiste mejor en el exterior que en el interior. En cambio, en las zonas frías se aclimata perfectamente en el interior.

Para que el *ficus benjamina* no crezca desmesuradamente de altura es muy importante cortar todas las puntas superiores cada tres meses, coincidiendo con cada nuevo brote.

Si el *ficus benjamina* pierde sus hojas inferiores, lo mejor es formarlo como pequeño arbolito ya que será imposible que vuelva a brotar. Si practicas la poda drástica acabarás con él.

Cuando el *ficus benjamina* presenta hojas pegajosas se debe a que recibe el ataque de un insecto llamado cochinilla. Combátelo con el producto adecuado.

Hojas nuevas en tu ficus

Cuando al cabo de unos años tu ficus pierda las hojas de la base, átalo con un pequeño hilo de cobre. Una vez hecho, deberían aparecer hojas nuevas en las proximidades, pues estas ataduras bloquean parcialmente la ascensión de la savia.

Ficus fuertes

Una cucharada de miel disuelta en una taza de leche fría es un abono ideal para los ficus. Este abono deberás administrárselo una vez al mes; eso es suficiente para que la planta crezca fuerte y hermosa.

Vigilar los ataques de cochinillas, habituales en estas plantas

La cochinilla puede presentarse en forma de lapa adherida a la planta, de color negro, gris o blanco; o en forma de borra de algodón de color blanco y como arenilla de color gris. Este insecto se sitúa normalmente justo en la salida del nuevo brote y entre la rama y el tronco. Al menor síntoma pulverizar con el producto adecuado.

Cambio de maceta

El *ficus benjamina* es una planta de crecimiento muy rápido. Esto quiere decir que necesita cambios de maceta muy a menudo. En lugar de cambiar de macetas, debes cortar raíces y mantenerlo más tiempo en la misma maceta.

Raíces aéreas

La planta utiliza estas raíces para respirar y alimentarse. No conviene tocarlas, más bien protégelas enterrándolas en la tierra.

HELECHOS

La palabra «helechos» incluye numerosas familias de plantas, la mayoría de ellas de hojas muy delicadas y de un verde intenso.

Por regla general, los de clima tropical prefieren un ambiente cálido y fresco; habitualmente el nivel relativo de humedad de una habitación suele ser demasiado seco para su correcto desarrollo. Si quieres tener éxito en el cultivo de esta planta, colócala junto a otras plantas en un lugar bien iluminado, pero evita que los rayos solares incidan sobre ella. El riego ha de ser asiduo con agua de lluvia o destilada y del grifo a partes iguales; nunca pulverices con sólo agua de grifo, ya que produciría quemaduras en sus delicadas hojas. De ser posible, coloca un humidificador para humedecer el ambiente.

Es conveniente aplicarle una poda que la deje totalmente a ras de la maceta cuando la planta haya perdido buena parte de sus hojas. Si resulta posible, espera a principios de la primavera para podar, así asegurarás el éxito.

Pulverizaciones

Sólo con agua de lluvia o destilada. Las pulverizaciones con agua de grifo producen quemaduras en las hojas.

Cómo regar

El riego es lo más importante para los helechos. Riega por inmersión y sin tocar sus preciosas hojas. Recuerda que le gusta mucho la humedad, pero no el encharcamiento.

Hojas quemadas

Las hojas quemadas en los helechos se producen por varios motivos: sequedad, exceso de riego y aguas duras. Investiga hasta descubrir cuál de éstos es el motivo.

Reproducción

Los helechos se reproducen por división de matas, que consiste en extraer el cepellón de la maceta, cortarlo en varios trozos con un cuchillo de sierra y volver a replantar las matas inmediatamente. Para que arraiguen bien han de presentar raíces y retoños abundantes.

Agua pura

Los helechos se riegan con agua de lluvia o bien con agua destilada y de grifo a partes iguales. De no ser así, difícilmente sobrevivirán.

KALANCHOE

Esta pequeña planta posee hojas ovales, carnosas y de abundante floración. Se trata de una típica planta de día corto, a la que es posible hacer florecer en cualquier momento del año mediante el proceso de fotoperiodicidad controlado.

Es una planta muy solicitada, decorativa y apreciada por su espléndida floración y gama de colores (del blanco al rojo intenso). Le gusta la luz en abundancia y el aire fresco. No requiere mucha agua para su crecimiento; en las estaciones frías debes regar con menor frecuencia. En zonas templadas vive mucho mejor en el exterior.

La poda sólo se aplicará cuando la planta pierda su forma o buena parte de sus hojas; en estos casos se cortará por donde creamos conveniente, siempre que se dejen dos o tres nudos para que brote.

Las hojas se caen

Habitualmente suele perder sus hojas cuando recibe agua en exceso. Riégalo con moderación y evita dejar agua depositada en contacto directo con sus raíces.

Pérdida de las flores

Al tratarse de una pequeña planta, lógicamente la maceta también lo es. Por este motivo su sustrato se seca rápidamente y al secarse provoca la caída de sus flores por deshidratación. Evítalo regando a menudo pero con moderación, porque el exceso de agua también tiene el mismo efecto perjudicial.

KENTYA (HOWEA BELMOREANA)

Decorativa por sus exóticas hojas, es la planta más apreciada y utilizada en la decoración de interiores. Sus hojas son ligeras y arqueadas, de un intenso color verde brillante, con divisiones secundarias, linares e inclinadas en sus extremos. Se adapta muy bien al cultivo en maceta.

Se trata de una planta muy resistente. Su enemigo principal es el exceso de humedad en el suelo; es importante no regar demasiado en otoño-invierno. Necesita luz pero no sol directo. Es importante que disponga del suficiente espacio para que sus hojas no se perjudiquen con el roce. No te alarmes si las puntas de las hojas se secan, esto es habitual en las palmeras debido a la falta de humedad ambiental, como también es habitual que se seque una hoja al poco tiempo de nacer otra ya que este tipo de palmera ofrece un máximo de tres hojas por planta. En climas cálidos se adapta perfectamente al exterior. Vive con poca tierra, por lo que no debes cambiar de maceta hasta que compruebes que sus raíces la han agotado.

Qué puedo hacer si sólo tiene una hoja

En principio debes averiguar dónde radica el fallo, pues se trata de una planta fuertísima y cuando esto ocurre significa que algo falla. Puede ser por exceso de agua, falta de luz, o quizá falta de abono. Trasplántala de inmediato cortando dos terceras partes de sus raíces y modera los riegos.

No crece y la tierra presenta manchas de color amarillo. Estas manchas son provocadas por exceso de humedad en la tierra. Riega con moderación y remueve la tierra para que sus raíces puedan respirar.

Las hojas no crecen

Las hojas pequeñas suelen obedecer a falta de luz, falta de abono o que la planta está muy delicada. Trasplántala aportando abono químico y practica la poda; en poco tiempo se recuperará.

Manchas marrones en las hojas

Estas manchas salen cuando la temperatura es muy baja, o bien cuando hay exceso de humedad en el sustrato.

Hojas secas

Puede ser normal, pues la planta sólo mantiene tres hojas; si tiene más, se seca la más vieja. De no ser éste el motivo, podría ser debido a un exceso de riego.

Bultos en las hojas

Pequeños granitos de color ceniza o marrón, debajo de las hojas y en los tallos. Se trata de la cochinilla, insecto depredador de esta planta. Elimínalo de inmediato con la ayuda de un algodón impregnado en alcohol. Después pulveriza con Perfektión tres veces con intervalos de ocho días.

MARANTA (*CALATHEA*)

Plantas apreciadas por sus atractivas hojas de maravillosos colores que suelen oscilar entre tonos verdes y marrones. Son conocidos popularmente como «plantas de la oración» porque cada noche pliegas sus hojas como si orasen.

Amantes de las altas temperaturas y enemigas de las corrientes de aire y el exceso de riego. Es importante que reciban luz pero no sol directo. Su peor enemigo, aparte del exceso de riego, es el tipo de agua: el agua de grifo por su dureza y alto contenido en sodio les provoca quemaduras en sus delicadas hojas, por lo que debes regarlas con agua de lluvia o en su defecto destilada. La poda se realiza cuando las plantas presentan un aspecto desolador: hojas raquíticas, amarillas o muy debilitadas; es el momento de cortarles toda su parte aérea. Esta operación la debes realizar a mediados de la primavera, así tendrás la seguridad de que brotará de inmediato y recuperarán su aspecto habitual.

Prohibido mojar las hojas

Las hojas de las *marantas* son muy sensibles. Evita que se mojen, sobre todo si la temperatura no es demasiado elevada. Para limpiarla utiliza un pincel o bien un secador de cabello.

El frío les afecta

En invierno colócala en un lugar bien cálido y alejada del cristal de la ventana, pues si entrara en contacto con él sus delicadas hojas se quemarían por el frío.

Manchas marrones en las hojas

El exceso de riego provoca manchas de color marrón en las hojas. Corta todas las hojas afectadas a ras de suelo y elimina la mitad de las raíces, añadiendo sustrato seco. Luego riega con moderación. Si no realizas esta operación, poco a poco tu planta irá perdiendo todas sus hojas hasta morir.

No la dejes morir

Si tu *maranta* pierde buena parte de sus hojas, actúa rápidamente: corta a ras de tierra y verás como brotará. Si la caída de hojas ha sido provocada por un exceso de agua, corta dos terceras partes de raíces, que seguramente estarán podridas, y añade sustrato nuevo y seco.

PHALAENOPSIS

Las *phalaenopsis* son plantas epífitas; en su hábitat natural crecen espontáneamente sobre troncos y ramas de árboles, creando fantasiosos enredos de raíces aéreas, sin sacar linfa vital del árbol que las hospeda. Considerando su hábitat originario, podría pensarse que las *phalaenopsis* no son aptas para ambientarse en el hogar. Todo lo contrario: estas orquídeas, puestas en maceta, son robustas y poseen notable capacidad de adaptación. Prefieren una exposición en que reciban luz difundida, pero no han de quedar expuestas a insolación directa, pues eso puede quemar las hojas. Por el contrario, escasa luz provoca la caída de los capullos. Además, han de estar protegidas de corrientes de aire, que puedan dañar las floraciones.

Es necesario que la temperatura se mantenga constante. Cuando los tallos tienen capullos, la temperatura no ha de ser demasiado alta porque podría provocar su caída. La temperatura ideal oscila entre los 20 y los 22 grados. A las *phalaenopsis* no les agradan las temperaturas inferiores a los 18 grados.

Por lo general, se requieren moderados riegos semanales empleando agua con poca cal y a temperatura ambiente. Originariamente las *phalaenopsis* son mojadas por las lluvias en intervalos muy irregulares; por lo tanto, es mejor esperar a que el sustrato se seque antes de volver a regarlas, y también porque los restos de agua hacen marchitar las raíces de estas orquídeas. Durante la temporada de reposo, en otoño o invierno, los riegos han de reducirse.

Flores marchitas

Si las flores de tu orquídea se marchitan antes de lo normal, es porque ha recibido corrientes de aire o bien la temperatura ha descendido de los 20 grados.

Pulverizaciones sí pero...

A las orquídeas les encantan las pulverizaciones, pero con condiciones: han de ser con agua muy pura —de lluvia o destilada—, templada y en ningún caso directamente sobre la flor.

Volver a florecer

La *phalaenopsis* tiene una floración muy duradera, pues desde que se abre la primera flor hasta que se cierra la última pueden pasar tres meses. Incluso se puede llegar más lejos si al finalizar la floración cortas la rama floral por encima del segundo nudo; al cabo de poco tiempo volverá a florecer.

PEPEROMIA

Esta planta, decorativa por sus preciosas hojas y espigas carnosas que sobresalen unos centímetros de sus hojas, adquiere todo su encanto en macetas pequeñas, y es apta para decoraciones sobre muebles, ya que por regla general no crece, sino que se limita a desarrollar extraordinariamente sus hojas.

A estas plantas se las califica de hoja y tallo carnoso, es decir que, lo mismo que las auténticas plantas carnosas, pueden almacenar una reserva de agua en dichos órganos, aunque en la *peperomia* las hojas no son tan marcadamente gruesas.

Le gusta, como a la mayoría de las plantas, la luz —pero no el sol directo— y el riego moderado en primavera-verano. El resto del año sólo se debe humedecer la tierra, pero debido a su pequeña maceta, el aporte debe ser bastante frecuente; evita mojar sus hojas, sobre todo con bajas temperaturas, ya que se pudrirían de inmediato.

Debido a su pequeño porte, el cambio de maceta no es necesario a menos que se produzca el agotamiento del sustrato.

Cuidados

Esta planta es mucho más resistente de lo que piensas, pero al tratarse de una planta pequeña que vive en un recipiente igualmente pequeño, cualquier descuido acaba con ella. Tanto se estropeará por exceso como por falta. Así pues, dispénsale tus cuidados con precaución.

POINSETTIA (EUPHORBIA PULCHERRIMA)

Esta planta es conocida popularmente por diferentes nombres: flor de Pascua, pascuanero, estrella federal, estrella de Navidad y nadala. Es apreciada en todo el mundo, debido a sus bracteas rojas, aunque existen variedades rosas, blancas y rojas en diferentes tonos y matices.

En condiciones normales se trata de un arbusto muy resistente. Necesita luz directa y si la temperatura no baja de 6 grados se aclimata perfectamente al exterior. En el interior no soporta las altas temperaturas ni la sequedad ambiental; el sustrato debe permanecer más bien seco que húmedo. Estos cuidados se refieren a una planta que no haya pasado por un tratamiento fitohormonal, que suele ser el caso de las que se adquieren en los comercios con las bracteas rojas. Al haber recibido este tipo de tratamiento la planta está agotada, y al llegar a nuestro hogar recibe un shock ya que nosotros no podremos darle los mismos cuidados que recibía en el vivero; naturalmente, la planta se viene abajo. En principio es importante mantener el sustrato húmedo pero no encharcado; el ambiente debe humedecerse y la temperatura no bajar de 15 grados, ya que con menos la planta perecería. Estos cuidados deben prodigársele durante un mes; a partir de entonces se cuidará como una planta normal. Si no consigue pasar esta etapa y pierde todas sus hojas adelanta la poda y en menos de un mes, si la temperatura es alta, la tendrás llena de hojas.

Bracteas rojas en Navidad

Para que la *poinsettia* o planta de Navidad presente sus bracteas (hojas transformadas) de color rojo requiere un proceso que en botánica se denomina fotoperíodo o fotoperiodicidad, que consiste en proporcionarle periódicamente menos horas de luz, si el tipo de planta es de días largos, como es el caso de la *poinsettia*. El proceso comienza con la poda en el mes de abril y el trasplante. A mediados de agosto debes aplicarle un pinzamiento, que consiste en recortar todos los brotes de la planta a la misma altura, de donde brotarán las futuras brácteas. A partir del 10 de septiembre se colocará totalmente a oscuras 16 horas diarias —no debe recibir luz natural ni artificial— durante seis semanas seguidas. Este proceso no debe modificarse, ya que de lo contrario fracasaría. Durante el proceso la planta debe recibir un abono de porcentaje muy elevado, por ejemplo, 28-30-32, y un riego moderado.

Crear nuevas *poinsettias*

La reproducción por esquejes de 10 a 12 cm puedes realizarla en pleno verano aprovechando los restos del pinzamiento.

La planta de Navidad no es tan delicada como parece

La *ponsettia* es sin duda la reina del mes de diciembre. Erróneamente se la considera la planta más delicada, pero en realidad se trata de uno de los arbustos más resistentes que existen. De todas formas y en honor a la verdad, algo de cierto hay en esa consideración ya que debido al proceso de cultivo que ha soportado durante su crecimiento esta planta llega a nuestras manos hiper estresada, por lo que requiere atenciones especiales: temperatura por encima de los 15 grados, humedad constante pero sin encharcamiento, y luz en abundancia pero sin sol directo. Otro dato a tener en cuenta: se debe sacar rápidamente del envoltorio pues si permanece un largo período envuelta sufrirá la caída de sus hojas inferiores por asfixia.

Mosca blanca

El enemigo habitual de tu *poinsettia* suele ser la mosca blanca. Evítala pulverizando una vez al mes con el líquido resultante de poner cuatro cigarrillos en un litro de agua durante cuatro días.

La estrella de Navidad pierde sus hojas inferiores

Si las pierde antes de tiempo, debes realizar la poda cortando por encima del segundo nudo —en poco tiempo volverá a tener nuevas hojas, eso sí, de color verde—. Si la planta resiste en condiciones, la mejor época para practicar la poda es durante el mes de abril, y deberías acompañarla con el trasplante a una maceta de mayores dimensiones.

La *poinsettia* no es venenosa

Al cortar cualquier parte de la *poinsettia,* ésta desprende un líquido blancuzco denominado látex que la planta emplea para cicatrizar su herida. Pruebas realizadas en laboratorio han confirmado que no se trata de un líquido venenoso, y que su ingestión como máximo sólo provoca pequeños mareos y vómitos. Su contacto con la piel en personas muy sensibles puede provocar pequeñas erupciones.

Tras el invierno y al perder las hojas rojas de Pascua ofrece un aspecto deplorable. Aún así, no la tires a la basura. Corta la vegetación hasta 15 cm de altura. Riega copiosamente la primera vez, pero después sólo cuando veas que la tierra está seca, y manténla en un medio cálido para estimular su desarrollo.

POTHOS (*EPRIPREMNUM*)

Apreciada por su gran resistencia y adaptabilidad al interior, se trata de la planta más famosa y duradera. Con sólo una planta se puede conseguir cubrir una pared o que cuelgue varios metros. Se aclimata a cualquier zona de la casa y soporta tanto las altas como las bajas temperaturas, y así como la media luz, pero no sol directo. La temperatura debe estar por encima de los 10 grados y el riego es muy importante: abundante en primavera-verano y espaciado y con poca cantidad el resto del año. En cuanto a la poda, mientras más la cortes con más fuerza brotará. También debes realizar la poda cuando la planta lo necesite, es decir cuando pierda sus hojas inferiores o se encuentre en muy mal estado. En este caso corta por encima del segundo nudo y cámbiala de maceta para asegurar el éxito.

Esqueje de *pothos:* nada más fácil

Corta un trozo de rama de 15 cm e introdúcelo en un recipiente con agua. Coloca el recipiente cerca de una fuente de calor (encima del radiador, televisor o cerca del fogón) y verás con qué rapidez crece una nueva planta.

¿Por qué se seca de pronto una rama?

El *pothos* es quizá la planta que más resiste en el interior, pero ésa no es razón para que no sucumba ante un exceso. En la mayoría de los casos la sequedad repentina de una rama es debido a un exceso de humedad prolongada que ha acabado pudriendo las raíces, que alimentaban precisamente esa rama. Córtala y observa el resto de raíces, que seguramente corren el mismo riesgo; si es así, practica una poda de raíces y añade sustrato seco.

Mi *pothos* no crece

Esto suele ocurrir cuando recibe poca luz o exceso de humedad. El *pothos,* al igual que el resto de plantas, tiene unas necesidades que debes cubrir; si así lo haces, a cambio te ofrecerá gran cantidad de hojas.

Hojas verdes

La falta de matiz en las hojas de los *pothos* se debe a falta de luz y también a un exceso de riego. Para que esto no ocurra, colócalo cerca de una fuente de calor y modera el riego. Recuerda que las plantas aceptan mejor la falta que el exceso de riego.

SENSIVIERA (*SANSIVIERA*)

De hojas alargadas, carnosas y terminadas en punta, la sensiviera ha sido durante años la reina de las plantas de interior por su fácil adaptabilidad y resistencia a los lugares más inhóspitos. Era habitual encontrarla en la mayoría de los inmuebles. Quizá por eso ha ido quedando relegada y actualmente puede resultar difícil encontrarla debido a la escasa demanda.

Se trata de una de las plantas más fuertes que existe. Resiste tanto las temperaturas cálidas como frías, tanto el sol directo como la oscuridad casi total; el único enemigo que se le conoce es el exceso de riego en la época fría, que puede acabar con ella. Para conservarla bastará con regar una vez cada veinte días durante la época templada-cálida y el resto del año una vez cada cuarenta días.

La multiplicación se realiza dividiendo la planta, o bien con trozos de hoja que enraizarán enseguida si se utiliza el sustrato adecuado y se lleva a cabo en la época cálida.

Hojas verdes

La falta de matiz en las hojas de la sensiviera es bastante habitual y en la mayoría de los casos es la propia planta que lo provoca, pero también puede influir la falta de luz y en muchos casos va acompañado de un exceso de riego. Para evitarlo, colócala cerca de una fuente de calor y modera el riego. Recuerda que el peor enemigo de las sensiviera es el exceso de agua.

¿Por qué se seca de pronto una hoja?

La sensiviera es quizá la planta que más resiste en el interior, pero esa no es razón para que no le afecten los excesos. En la mayoría de casos la sequedad repentina de una hoja es debido a un exceso de humedad prolongada que ha acabado pudriendo las raíces, en particular la que alimentaba precisamente esa hoja.

Córtala y observa el resto de raíces, que seguramente corren el mismo riesgo; si es así, practica una poda de raíces y añade sustrato seco.

Se pudre desde la base

El frío y el exceso de humedad pueden provocar la destrucción de los tejidos de la base de las hojas. Cuando esto ocurra, seca las bases de las hojas con la ayuda de un secador de cabello, y seca también la tierra.

SYNGONIUM

Planta muy decorativa por sus grandes hojas lanceoladas y de largos peciolos, aspecto colgante y color verde intenso o con matices blancos. Es una de las plantas más utilizadas en la decoración de interiores como planta colgante por sus exuberantes hojas. Es resistente pero, como la mayoría de plantas que viven en el interior, no soporta el exceso de humedad en la tierra, ni tampoco las bajas temperaturas. Es muy importante que bajo ningún concepto haya agua estancada en la base, ya que esto le produciría la muerte. Admite cualquier tipo de poda y en cualquier época del año. Pero sólo es necesaria cuando pierde sus hojas inferiores o el excesivo crecimiento de sus ramas lo hace necesario.

Ramas largas y hojas raquíticas

No temas. Cuando brota, esta planta desarrolla un

tallo muy largo y pequeñas hojas, pero al cabo de un tiempo sus hojas adquieren el tamaño normal.

Hojas de tallo muy largo

Si el *syngonium* presenta ramas débiles con pequeñas hojas, se debe a una importante falta de luz. Cámbiala de lugar o bien proporciónale luz artificial.

Nuevas plantas

Nada más fácil: corta trozos de ramas de unos 10 cm de largo (elimina las hojas) y colócalos dentro de un vaso de agua cuyo nivel cubra una tercera parte de los esquejes. En poco tiempo verás cómo las ramitas echan raíces y a continuación brotan.

¿Por qué no crece?

Esto suele ocurrir cuando recibe poca luz o exceso de humedad. El *syngonium,* al igual que el resto de plantas, tiene unas necesidades que debes cubrir; si así lo haces, a cambio te ofrecerá gran cantidad de hojas.

VIOLETA AFRICANA
(*SAINT-PAULIA*)

La violeta africana, que así se conoce popularmente esta planta, posee flores similares a la violeta, de ahí su nombre. Es una planta herbácea y carnosa, de hojas ovaladas y redondeadas, por lo general de color verde oscuro y cubiertas de pelos verticales de aproximadamente el mismo largo. Las flores, con pétalos desiguales, brotan de las axilas formando racimos muy nutridos.

El color, tamaño y forma de las flores es muy variado y puede florecer varias veces al año si se le proporciona 16 horas de luz —natural o artificial— diarias durante cinco semanas; este proceso recibe el nombre de fotoperíodo. La *saint-paulia* se adapta perfectamente al interior. Requiere exposiciones sombreadas y riegos moderados. Para vivir necesita un clima cuyas temperaturas máximas y mínimas oscilen entre 25 y 15 grados. Por debajo de esta temperatura las hojas adquieren un color pálido y sus bordes se ondulan. Se debe evitar las corrientes de aire fresco y, en particular, el agua de riego ha de ser templada y no deberá dirigirse a las hojas. Prefiere los riegos cortos y continuados.

Nueva floración

Si quieres que tu *saint-paulia* vuelva a florecer, colócala donde reciba 16 horas diarias de luz directa, ya sea natural o artificial, durante cinco semanas. De esa manera podrás disfrutar de nuevo de sus espléndidas flores.

Nuevas plantas

Si a tu violeta africana le sobran hojas, no las tires. Introduce el rabo de la hoja en agua y colócalo encima de un radiador. En poco tiempo sacará raíces y seguidamente se formará una plantita.

Riego

Riégala siempre por inmersión o por debajo. Bajo ningún concepto mojes sus hojas, y aún menos sus flores.

No la cambies

Le encanta permanecer mucho tiempo en la misma maceta, por lo que no debes cambiarla en mucho tiempo.

Agua pura

Para regar utiliza agua de lluvia o en su defecto agua destilada. No la pulverizes jamás, pues sus hojas se pudrirían.

SUGERENCIAS GENERALES

Frío, calor... evítales un shock

Aunque una planta sea resistente, si la cambias bruscamente de un medio cálido a uno frío acusará la variación de temperatura. Si es delicada, la matarás. Para evitar el shock, ayúdala a adaptarse al nuevo medio. Pon fuera las plantas jóvenes en primavera y durante las primeras semanas cúbrelas por la noche con un plástico o mampara (que retirarás siempre por el día). Permite que le dé el aire unas horas y poco a poco aumenta el tiempo de exposición al frío.

Belleza peligrosa

Determinadas plantas resultan peligrosas para la salud. La *dieffembachia* irrita los ojos; el estromonio o el lirio de los valles intoxican; la *poinsettia* o flor de Pascua y la adelfa contiene látex, que provoca escozor en las pieles sensibles... Por eso ten cuidado de lavarte las manos cada vez que las toques.

Cuidado con las corrientes de aire

Al airear la casa para limpiar, las corrientes de aire frío suelen provocar efectos irreversibles para las plantas de interior.

Cuándo no debes pulverizar

Las plantas de tallos y hojas delicadas son proclives a desarrollar un hongo denominado botritis si reciben humedad regularmente. Por lo tanto, no pulverices agua sobre ellas. Riégalas tan sólo cuando se sequen.

Mezcla bien al abono

Después de cualquier aporte alimenticio a tus plantas es muy importante cavar en profundidad para que todas sus raíces reciban este aporte.

Luz para tus plantas

En invierno aprovecha toda la luz disponible, acerca tus plantas a la ventana, pero cuidado con el cristal frío.

Fertilizantes

Al comprar un fertilizante elige una mezcla equilibrada de potasio y nitrógeno, de lo contrario el delicado organismo de la planta se verá trastocado. El potasio favorece el color, la firmeza del follaje y la resistencia a las enfermedades. El nitrógeno optimiza el crecimiento y aumenta la intensidad del color verde de las hojas.

La planta no es un objeto inerte, sino un ser vivo, y como tal se ha de cuidar, por lo que es muy importante facilitarle los cuidados que necesita: luz, agua, humedad, etc.

Luz artificial

Las plantas pueden vivir perfectamente en el interior sólo con luz artificial, que debe ser fría. En el mercado se comercializan unas lámparas especiales para plantas.

Las plantas de interior pueden resistir con luz artificial siempre que reciban más de 12 horas diarias.

Los helechos necesitan humedad ambiental pero no encharcamientos

Los helechos sirven como plantas de interior porque pueden sobrevivir en lugares bastante oscuros, pero como necesitan mucha humedad, se quedan mustios en habitaciones donde la calefacción está alta o cercana.

En invierno la mayoría de las plantas de interior sufren, ya que en esta época, como en la mayoría de las plantas, pasan por el reposo invernal y en el interior, debido a las calefacciones, las temperaturas son parecidas a la del resto del año e incluso algo más elevadas.

Las plantas soportan mejor las adversidades del interior si se colocan agrupadas.

Sol directo: no aconsejable para tus plantas

Los rayos del sol que inciden directamente y a través del cristal producen quemaduras en las hojas.

Cómo adquirir la mejor planta

El ejemplar debe estar lozano, nunca debilitado ni con calvas de tallo desnudo entre las hojas. Éstas, además, han de brotar con vigor, y si se trata de un espécimen de flor, la planta debe tener una altura superior a la profundidad del tiesto y rebasar la anchura del recipiente. Por último, rechaza los ejemplares con pétalos a punto de caer.

La luz del sol

Las plantas se mueven en busca de la luz. Por ello, es aconsejable ir girando el macetero de vez en cuando, para que la forma de la planta esté equilibrada y todas las hojas no vayan en la misma dirección.

Ilumina su vida

Algunas plantas necesitan la luz para vivir, aunque no soportan los rayos directos del sol. Tamiza la luz solar colocando las plantas detrás de una cortina transparente. La falta de luminosidad puede compensarse con iluminación artificial, por ejemplo, con unos tubos fluorescentes (que además no desprenden calor). Por último, si observas que una planta ha encontrado el lugar apropiado y crece bien, no la cambies de sitio.

Protecciones

Para proteger las plantas del calor, cubre la tierra de las macetas de interior con una fina capa de gravilla blanca; ésta rechaza el calor y evita una evaporación rápida del agua que contienen las mismas.

Eliminar las hojas secas

Si en tus plantas aparecen hojas secas o amarillas, esto es síntoma de exceso o carencia de agua, o de quemaduras de los rayos solares. En cualquier caso, debes quitarlas cuidadosamente de la planta, pues, aunque muy debilitadas, están absorbiendo parte de la energía de la planta y le impide crecer con normalidad.

Plantas en el cuarto de baño

Cuando el calor en el interior de tu casa sea excesivo, traslada las plantas al cuarto de baño. Este lugar reúne las condiciones de calor y humedad que necesitan. Si tu baño tiene luz natural, mucho mejor.

Crecen pero no dan flores

Esto significa que reciben luz y agua suficientes, pero no rayos de sol. Traslada las macetas a un lugar más soleado, aunque cuida que no reciban quemaduras. Verás que al poco tiempo reducen su crecimiento pero te dan flores.

Hojas con manchas

Los aerosoles (laca para el cabello, abrillantadores de muebles, ambientadores, desodorantes, etc.) son muy perjudiciales para las plantas y hacen que aparezcan manchas en las hojas. Por tanto, lo más recomendable, si tienes muchas plantas en casa, es restringir al máximo el uso de aerosoles.